Ihr Hobby

Zwerghamster

Christine Wilde

bede bei Ulmer

Inhalt

Wuselige
Zwerghamster

Seit mehr als 30 Jahren erobern die flinken Zwerghamster die Herzen der Tierhalter.

W as nicht weiter verwundert, denn jeder von ihnen ist eine große Persönlichkeit und hat seine kleinen Eigenarten und liebenswerten Macken. Die vier am häufigsten gehaltenen Zwerghamsterarten unterscheiden sich von ihren Bedürfnissen und ihrem Charakter sehr voneinander. Da gibt es die eher bodenständigen, aber sehr flinken **Roborowski Zwerghamster**, die kletterfreudigen und mitunter sehr albern anmutenden **Chinesischen Zwerghamster**, die besonders anhänglichen **Dsungarischen Zwerghamster** oder die neugierigen **Campbell Zwerghamster**. Für jeden Geschmack ist der passende Hausgenosse dabei.

Die kleinen Nager haben alle eins gemeinsam: Man kann ihnen stundenlang bei ihren emsigen Tätigkeiten zuschauen.

Sobald sie wach werden, huschen sie neugierig durch ihre kleine Hamsterwelt und erkunden jeden Winkel. Sie scheinen immer irgendetwas Wichtiges tun zu müssen, tragen Nistmaterial zusammen, sammeln Futtervorräte, dekorieren das Gehege um und nebenbei wickeln sie ihren Halter um die kleine Kralle, damit sie noch ein Leckerchen abstauben.

Aufregendes Wildlife

Die wilden Verwandten der kleinen Einwanderer wohnen in Steppen, Halbwüsten und sogar in Sandwüsten. Ihre Heimat liegt in der Mongolei, Nordchina, Kasachstan, Sibirien und Korea. Die meisten Zwerghamster leben in der echten Steppe, wo es vor allem Gräser und Kräuter in großer Anzahl gibt, Bäume und Sträucher sind selten. Roborowskis sind vorwiegend in der Sandsteppe zu finden, welche noch karger und trockener ist.

Die Sommermonate in der Steppe sind trocken und mild warm, mitunter vertrocknen dann sogar die Futterpflanzen. Die Zwerghamster nutzen daher vor allem die Blütezeit im Herbst, um sich einen Futtervorrat für den Winter anzulegen. Diese Vorräte bestehen hauptsächlich aus Kräuter- und Grassamen. Die Winter sind relativ mild, dauern aber bis zu acht Monaten an. Zwerghamster halten keinen Winterschlaf und müssen so auch im Winter nach Futter suchen. Sie bewegen sich dabei vor allem unter der Schneedecke und legen dort regelrechte Gänge an.

Geschichtliches

Zwerghamster wurden erst in den 1960er-Jahren zu Forschungszwecken in Deutschland eingeführt. Vermutlich haben tierliebe Studenten und interessierte Biologen die Tiere dann privat gezüchtet und als Heimtiere bekannt gemacht. So machten auch die Zwerghamster den Umweg über die Universitäten – und seit den 1990er-Jahren ist ihr Siegeszug als Heimtier kaum aufzuhalten. Es gibt Schätzungen, nach denen inzwischen genauso viele Zwerghamster wie Goldhamster in Deutschland als Heimtiere gehalten werden.

◄ **Gescheckter** (Campbell-) Zwerghamster, der Aalstrich ist kaum noch zu erkennen.

► **Es gibt** auch außergewöhnliche Farben, ein "sepiafarbender oder heller" Campbell mit roten Augen.

Kunterbunt

In den letzten Jahrzehnten werden zunehmend Zwerghamster in Farben gezüchtet, die nicht mehr ihrer Wildfarbe entsprechen.

Vor allem die **Campbell Zwerghamster** zeichnen sich durch eine große Farbenvielfalt aus, es gibt sie neben der grauen Wildfarbe auch in creme, gescheckt, argentefarben, schwarz, weiß und in noch mehr Farbvarianten mit schwarzen und roten Augen. Sogar der typische Aalstrich ist nicht mehr bei allen Farbvarianten vorhanden. Auch die anderen Zwerghamsterarten gibt es in unterschiedlichen Farbschattierungen, wobei alle Zwerghamsterarten mittlerweile in hellen Farben und teilweise in reinweiß zu bekommen sind.

Nur der **Roborowski Zwerghamster** zeigt wenig Farbveränderungen, allerdings gibt es diese Art mittlerweile in helleren Schattierungen. Vor allem die helleren Zwerghamster haben häufig auch hellere Augen, von dunkel- bis hellrot.

ZWERGE SIND ECHTE HAMSTER

▶ Zwerghamster „transportieren" ihr Futter in ihren Backentaschen. Diese sind durch eine Haut von der Maulhöhle abgetrennt.

▶ Die Haut über den Backentaschen ist dehnbar, ein Hamster kann darin seine gesamte Tagesfutterration verstauen. So können die Hamsterchen der Phodopusarten auf einmal etwa einen gehäuften Teelöffel Trockenfutter und zwei kleine Stückchen Frischfutter transportieren – manchmal sogar etwas mehr.

▶ Bei den meisten Zwergen reichen die Taschen fast bis zur Taille, bei den Roborowskis bis zu den Hinterbeinchen.

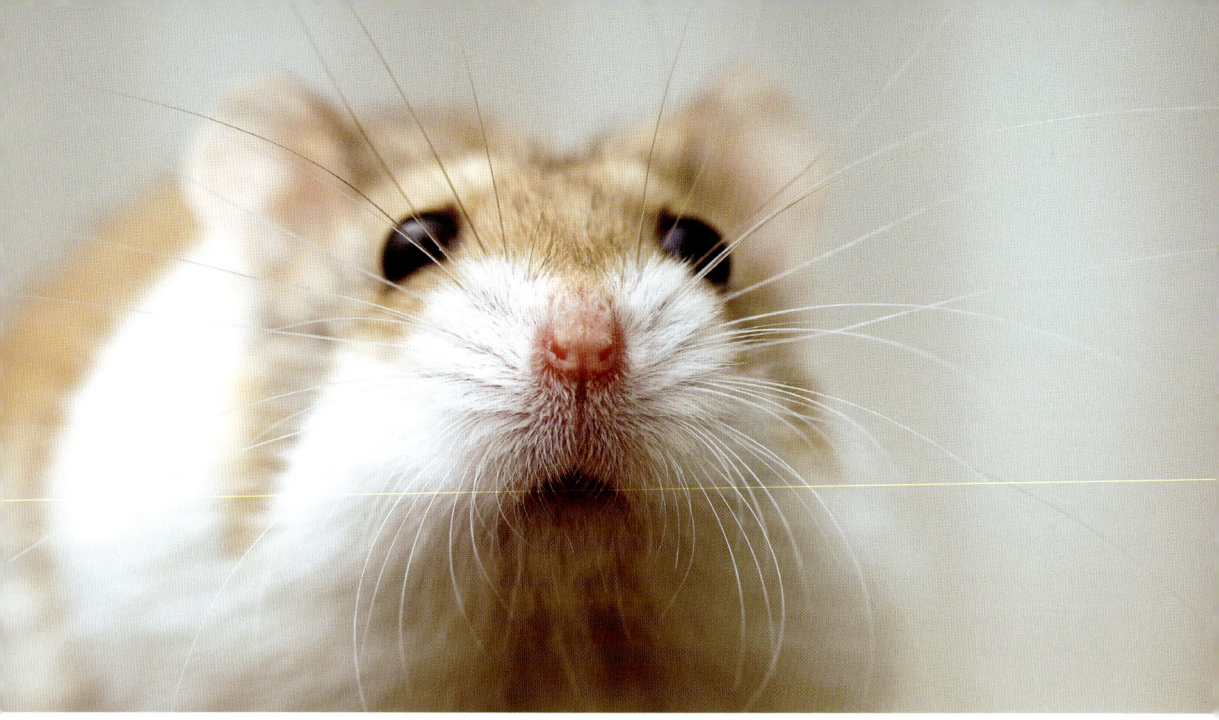

So erleben Zwerghamster die Umwelt

Die Sinne der Zwerghamster sind optimal an ihren Lebensraum angepasst. Ihre Wahrnehmung unterscheidet sich sehr von unserer, deshalb fällt es uns Menschen manchmal schwer, das Verhalten unserer kleinen Mitbewohner zu verstehen.

Ohren

Hamster verfügen über Ohrmuscheln, die sie unabhängig voneinander in verschiedene Richtungen drehen können, um Geräusche besser zu orten. Sie nehmen besonders hohe Töne sehr gut wahr und hören auch Töne im Ultraschallbereich, die uns Menschen verborgen bleiben. Jungtiere rufen ihre Eltern mit schrill hohen Fieplauten. Diese können sogar von den meisten Fressfeinden nicht wahrgenommen werden. Zum Schlafen falten die kleinen Hamster ihre Ohren meist eng am Kopf zusammen, weshalb diese nach dem Aufstehen meist ein wenig „zerknittert" aussehen.

Augen

Das Sehvermögen der Zwerghamster ist an ihre Dämmerungsaktivität angepasst. Sie besitzen relativ viele Stäbchen in den Augen. Diese sind für die Wahrnehmung von Helligkeit wichtig und so können Hamster auch in der Dämmerung noch gut sehen. Allerdings haben sie nicht wie wir Menschen drei, sondern nur zwei Zäpfchentypen für das Farbensehen. Sie besitzen den S-Typ für Blautöne und den M-Typ für Gelb, es fehlt aber der L-Typ für das Rotsehen. Sie haben deshalb nur ein sogenanntes dichromatisches Farbsehen und nehmen Farben völlig anders wahr als wir. Es stimmt aber nicht, dass sie nur schwarz-weiß sehen, wie früher angenommen wurde. Ihre S-Zäpfchen reagieren, anders als beim Menschen, sogar auf UV-Licht.

▶ *„Was war das?"* – *aufgerichtet mit hoch gestellten Ohren wird Beunruhigendes wahr genommen.*

Da Hamster Höhen schlecht abschätzen können, ging man früher davon aus, dass sie kurzsichtig sind. Inzwischen wird die Meinung vertreten, dass sie als reine Bodenbewohner nie die Fähigkeit zur Abschätzung von Höhe entwickelt haben. Trotz allem können sie z.B. Fressfeinde in der Ferne erkennen.

◀ **Die Nase** ist das wichtigste Organ, mit ihr werden Freund, Feind und Futter erkannt.

Nase

Der Zwerghamster hat einen ausgeprägten Geruchssinn und nimmt auch sehr feine Gerüche wahr, die uns Menschen verborgen bleiben. Die Nase leitet ihn auf allen seinen Wegen: So erschnüffelt der Hamster seine Nahrung, und bei der Partnerwahl bestimmt der Geruch des potenziellen Partners darüber, ob eine Paarung stattfindet oder die Tiere sich nicht mögen.

Zwerghamster erkennen auch ihre Menschen am Geruch, aus diesem Grund sollten Sie auf Parfüm verzichten.

Mit dem Sekret der Duftdrüsen am Bauch markieren sie ihr Revier, indem sie damit über den Boden rutschen. Diese Duftdrüsen sind vor allem bei den Männchen sehr ausgeprägt und können zur Paarungszeit unangenehm riechen.

Zwerghamstereien

Zwerghamster sind von Natur aus sehr neugierig. Georg Leithold erforscht Zwerghamster in der Mongolei. Er weiß zu berichten, dass in den Zelten der Nomaden, welche die Steppe bewohnen, sogar häufiger Zwerghamster über den Boden huschend zu sehen sind. Die meisten Zwerghamster haben weniger Scheu als viele andere Nager und manche entwickeln viel Geschick dabei, den Nomaden ein wenig Futter abzuluchsen. Es überrascht nicht, dass solche Tiere auch die Herzen der Heimtierhalter im Sturm erobern.

Immer aktiv

Obwohl Zwerghamster häufig zahme Hausgenossen werden, sind sie nicht auf den Menschen als Gesellschaft angewiesen. Das tägliche Leben eines Zwerghamsters ist in freier Wildbahn und in einem tiergerechten Zuhause angefüllt mit Verrichtungen, die erledigt werden wollen. Und genau das macht den Reiz der Zwerghamster aus, sie sind viel unterwegs, wuseln im Gehege herum und lassen sich dabei ungeniert beobachten.

Nach dem Aufstehen sind intensive Fellpflege und häufig auch ein Sandbad angesagt. Natürlich müssen täglich die Reviergrenzen im Gehege abgelaufen und frisch markiert werden. Da Zwerghamster in freier Wildbahn dabei viele Kilometer zurücklegen, rennen sie dann auch

◄ *In dem* mit Aktivitäten gefülltem Hamsterleben ist wenig Platz für den Halter.

gern einmal richtig los. Die Möglichkeit dazu bietet das Laufrad, in dem Hamster nachts gern unterwegs sind.

So können Sie hören, wie die kleinen Gesellen emsig in ihrem Bau arbeiten, lange bevor Sie die Zwerge am Abend zu sehen bekommen. Dann sind die Nager gerade dabei, ihre Futtervorräte im Nest zu belüften und umzuschichten. Nachdem sie ihr Nest verlassen haben, wird Futter gesucht, um die Vorräte weiter aufzustocken. Die kleinen Tierchen sammeln aber nicht nur Futter, gern nehmen sie auch jeden Tag frisches Nistmaterial mit und verwenden dann viel Zeit darauf, ihr Nest auszupolstern und umzuräumen.

NAGEN

Hamster besitzen als echte Nager vier ständig nachwachsende Schneidezähne, die sich durch das Zernagen der Nahrung und dem Benagen von Ästen abnutzen.

Die unteren Schneidezähne werden gut 1,5 cm lang und können mehr als nur zwicken, wenn der Hamster damit zubeißt.

In der Dunkelheit orientieren sich Zwerghamster mit ihren Tasthaaren (Vibrissen) im Gesicht.
Deren Haarwurzeln sind mit empfindlichen Nerven bestückt, die jede Berührung wahrnehmen. So können die Tiere erkennen, ob sie durch eine Öffnung passen.
Beim Graben erkennen Sie durch den auf die Ballen ausgeübten Druck die Beschaffenheit des Untergrundes.

Zeit für Freunde

In so einem ausgefüllten Hamsterleben ist also wenig Zeit für engere Beziehungen mit dem Menschen. Aber der Zweibeiner wird durchaus nicht nur als Futtergeber anerkannt, die meisten Zwerghamster nehmen sich gern hin und wieder die Zeit, sich mit uns zu beschäftigen. Allerdings ist die Aufmerksamkeitsspanne eines Hamsters dem Menschen gegenüber eher kurz. So kommen sie etwa gelegentlich vorbei und schauen, ob es ein Leckerchen abzustauben gibt.

Manche Hamster gewöhnen sich sogar an die Zeiten ihres Menschen und kommen rechtzeitig zur Tür, wenn sie Futter erwarten.

Beim Auslauf werden manchmal Hände und Arme des Menschen gern erkundet und einige Hamster lassen sich sogar ein wenig kraulen. Inniger werden die Beziehungen zwischen Zwerghamster und Mensch jedoch meist nicht.

Kleine Hamster-Biologie

Alle Tiere werden von Biologen in Systeme eingeteilt, um sie besser unterscheiden zu können.

▸ Hamster gehören innerhalb der Klasse der Säugetiere zur größten Ordnung, den Nagetieren *(Rodentia)*.

▸ Genau wie Ratten und Mäuse werden sie dann zur Unterordnung der Mäuseverwandten *(Myomorpha)* gezählt.

▸ Die Familie ist die der Wühler *(Cricetidae)*, zu der auch Mongolische Rennmäuse *(Meriones unguiculatus)* und Graue Steppenlemminge *(Lagurus lagurus)* gehören.

▸ Ihre Kategorie ist die der Hamster *(Cricetinae)*, dazu gehört auch der bekannteste Vertreter, der Goldhamster *(Mesocricetus auratus)*.

▸ Unsere Zwerge gehören zu den Kurzschwänzigen Zwerghamstern *(Phodopus)*, nur der Chinesische Zwerghamster gehört zu den Langschwänzigen Zwerghamstern *(Cricetulus)*.

GROSSE VERWANDTE

Der größte Hamster ist der Feldhamster. Er kann bis zu 34 cm lang und 650 g schwer werden. Er wird nicht als Heimtier gehalten und ist in Deutschland vom Aussterben bedroht. Die dann folgenden kleineren Hamster sind die Mittelhamster, zu denen der Goldhamster sowie der Türkische, der Rumänische und der Schwarzbrusthamster gehören. Sie können bis zu 18 cm lang und 140 g schwer werden.

Die Arten

Die verschiedenen Zwerghamsterarten unterscheiden sich in Aussehen und Ansprüchen an ihre Ernährung und an ihren Lebensraum.

DSUNGARISCHER ZWERGHAMSTER
(Phodopus sungorus)

Heimat: Dsungaren sind in den Steppen Kasachstans und Südwestsibiriens zu Hause.

Futter: Sie bevorzugen die Samen von Gräsern und Kräutern als Hauptnahrung. Insekten und deren Larven gehören auch zum Speiseplan.

Wohnung: Sie legen verzweigte unterirdische und bis zu 1 m tiefe Baue an. Diese bestehen aus mehreren Gängen, einer Nistkammer, Abort und mehreren Vorratskammern.

Aussehen: Ihre natürliche Fellfarbe ist grau, mit dunklem Rückenstrich (Aalstich) und weißem Bauch. Im Winter wird ihr Fell weiß. Sie werden zwischen 9 – 10 cm lang und wiegen etwa 30 – 50 g.

Soziales: Vermutlich vermehren sie sich nur während der Sommermonate. Sie leben als Paar zusammen, allerdings wird der Bock nach der Geburt mitunter aus dem gemeinsamen Nest vertrieben, er beteiligt sich nicht an der Brutpflege: Es werden auch Einzelgänger beobachtet. Mit ihrem Menschen können sie Freundschaften aufbauen und dann sehr verspielt sein.

CAMPBELL ZWERGHAMSTER
(Phodopus campbelli)

Heimat: Campbell-Zwerghamster sind in der Mongolei, Mandschurei, Nordchina bis ins südliche Zentralsibirien zu finden.

Futter: Samen von Gräsern und Kräutern sind ihre Hauptnahrung, daneben auch Insekten.

Wohnung: Sie legen nur einfache Baue bis in Tiefen von 30 cm an, die häufig nur aus Nistkammer, Vorratskammer und wenigen Gängen bestehen.

Aussehen: Die natürliche Fellfarbe ist graubraun mit weißem Bauch und dunklem Rückenstreifen. Sie sehen den Dsungaren ähnlich, aber um die Nase ist das Fell etwas länger und heller. Sie werden etwa 8 – 9 cm lang und wiegen zwischen 30 – 50 g.

Soziales: Campbells aus westlichen Gebieten betreiben eine gemeinsame Brutpflege und wohnen dauerhaft zusammen. Tiere aus östlichen Gebieten gleichen im Verhalten den Dsungaren. Dem Menschen gegenüber sind sie meist sehr aufgeschlossen und häufig verspielt.

ROBOROWSKI ZWERGHAMSTER
(Phodopus roborovskii)

Heimat: In den sandigen Halbwüsten Kasachstans und Chinas sind die kleinen Robos zu Hause.

Futter: Die Samen verschiedener Gräser und anderer Pflanzen sind ihre Hauptnahrung, Insekten stehen nur selten auf dem Speiseplan.

Wohnung: Ein fast waagerecht in kleine Hügel gegrabener Tunnel führt zu einer schlichten Nistkammer, die auch als Vorratskammer dient.

Aussehen: Ihr Rückenfell ist sandfarben, der Bauch weiß. Als Besonderheiten sind ihre Fußsohlen behaart, sie haben keinen Rückenstreifen, dafür helle Flecken über den Augen. Es sind die kleinsten Zwerghamster. Ihr Körperbau ist rund, sie werden zwischen 6 – 9 cm lang und wiegen gerade mal 25 – 35 g.

Soziales: Vermutlich ziehen sie ihre Jungen zusammen auf und sind wildlebend sehr gesellig. Dem Menschen gegenüber sind sie häufig etwas misstrauisch, sie eignen sich eher zum Beobachten als zur näheren Kontaktaufnahme.

CHINESISCHER ZWERGHAMSTER
(Cricetulus griseus)

Heimat: Sie kommen vor allem in Südsibirien, der Mongolei, in Nordchina und Korea vor.

Futter: Chinesische Zwerghamster haben ein breites Futterspektrum, das Samen, Kräuter, Gräser, Getreide, Wurzeln und Insekten umfasst.

Wohnung: Im Sommer wohnen sie vorwiegend in schlichten unterirdischen Nistkammern, nur im Winter legen sie weit verzweigte Gangsysteme und Baue an.

Aussehen: Sie sind schlanker als die Phodopus-Arten, erreichen eine Länge von 9 – 11 cm, wiegen dabei aber nur ca. 30 – 40 g. Ihre Deckfarbe ist grau-graubraun, der Bauch ist weiß. Sie haben ein längeres Schwänzchen von bis zu 2 cm und im Sommer schwellen die Hoden der Männchen stark an.

Soziales: Chinesische Zwerghamster treffen nur zur Paarung zusammen und gehen dann wieder getrennte Wege, sie sollten also auf jeden Fall einzeln gehalten werden. Dem Menschen gegenüber sind sie zutraulich, aber sie sind flink und dadurch schwer zu händeln.

▲ **Diese Augen** scheinen zu fragen: "Wollen wir für immer Freunde sein?".

Ein Zwerghamster **für mich?**

Diese kleinen Tiere stellen an ihren Halter und ihre Umgebung sehr hohe Ansprüche.
Daher sollte die Anschaffung eines Zwerghamsters gut geplant werden.

Prüfen Sie sich

Bevor ein Zwerghamster Ihr Leben bereichert, ist es wichtig gründlich zu prüfen, ob so ein Hamsterchen in Ihr Leben passt und ob Sie zu einem Zwerghamster passen.

▶ Die Lebenserwartung von Zwerghamstern liegt nur bei durchschnittlich 1,5 – 2,5 Jahren. Können Sie damit umgehen, dass der Hausgenosse Sie so schnell wieder verlässt beziehungsweise passt er auch in zwei Jahren noch in Ihre Lebensplanung?

▶ Der Zeitaufwand für die Pflege des Zwerghamsters ist gering. Täglich sollten Sie etwa 30 Minuten einplanen, um Futter und Wasser zu reichen und die Toilette zu reinigen. Einmal im Monat muss außerdem noch Zeit für ein Gehegegroßreinemachen eingeplant werden.

▶ Im Urlaub oder wenn Sie selbst einmal krank sind, können Sie sich natürlich nicht um den Zwerghamster kümmern. Klären Sie ab, wer ihn dann versorgt.

▶ Die Familienmitglieder müssen alle mit der Anschaffung des neuen Haustieres einverstanden sein. Es ist abzuklären, ob keine Allergien gegen Tierhaare, Hausstaub oder gegen die Futtermittel des Hamsters vorliegen.

▶ Die regelmäßigen Kosten für einen Zwerghamster liegen bei etwa 5 – 10 Euro im Monat. Allerdings können sich die Kosten erheblich steigern, wenn neue Einrichtungsgegenstände fällig werden. Wird der Hamster einmal krank, kann der Tierarztbesuch ebenfalls sehr kostspielig werden.

▶ Richtig zutraulich werden nicht alle Zwerghamster. Manche möchten einfach keinen engeren Kontakt zum Menschen und bleiben zurückhaltend. Können Sie mit dieser Abweisung leben und das Tier trotzdem respektieren und versorgen?

▶ Sauberkeit ist dem Hamster zwar meist in seinen eigenen vier Wänden wichtig. Aber die Umgebung ihres Geheges wird häufig durch Einstreu verschmutzt. Wenn Sie also viel Wert auf eine sehr saubere Umgebung legen, sind Zwerghamster vielleicht nicht die richtigen Hausgenossen.

Zwerghamster und Kinder?

Zwerghamster sind nicht kuschelig und schwer festzuhalten. Sie eignen sich deshalb nicht für kleinere Kinder als Spielgefährten. Leben Kleinkinder im Haushalt, ist der Hamsterkäfig so zu sichern, dass die Kinder nicht ohne Aufsicht an das Tier kommen können. Kleinkindern fehlt die nötige Feinmotorik, um Hamster richtig fest halten zu können.

Kinder ab etwa 4 bis 5 Jahren können bei der täglichen Versorgung des Hamsters helfen. Sie dürfen ihm gelegentlich ein Leckerchen geben, sollten ihn aber nicht aus dem Gehege nehmen dürfen. Ältere Kinder ab acht bis zehn Jahren können dem Hamster Auslauflandschaften aufbauen und dürfen das Tierchen auch unter Aufsicht dort hinein setzen.

Je nach Entwicklung und Charakter des Kindes kann es ab etwa zehn bis zwölf Jahren Zwerghamster selbstständig versorgen.

Der Hamsterkäfig gehört nicht ins Kinderzimmer, denn Staub und nächtlicher Lärm können der Entwicklung und Gesundheit des Kindes schaden. Die Versorgung des Zwerges muss immer von den Erwachsenen überprüft und gegebenenfalls auch übernommen werden.

◄ **„Ich bin kein Spielzeug"** – *die zarten Zwerghamster gehören nicht in Kinderhände.*

LEICHTE BEUTE

Andere Haustiere können dem Zwerghamster gefährlich werden:

▶ Die kleinen Nager passen in das Beuteschema von Katzen.

▶ Bei den meisten Hunden regen sie den Jagdtrieb an.

▶ Vögel könnten Hamster als Bedrohung ansehen und angreifen.

▶ Viele Reptilien wie Schlangen haben Hamster zum Fressen gern.

▶ Andere Nager und sogar Artgenossen werden von Hamstern als Feinde angesehen, so greifen die Zwerghamster kleinere Nager an. Größere Nager oder Kaninchen greifen die Hamster an.

Ein neuer Freund

Wenn Sie einen Hamster anschaffen wollen, sollten Sie den Anbieter sehr genau überprüfen. Sie werden kompetent und in Ruhe beraten und haben Zeit, sich Ihren neuen Hausgenossen auszusuchen. Grundsätzlich sollten große Gehege vorhanden sein. Diese müssen mit tiergerechten Laufrädern, Unterschlüpfen und Spielzeug ausgestattet sein. Futter und Wasser sind frisch und der Käfig riecht nicht unangenehm. Kranke Tiere müssen immer separat untergebracht sein und werden normalerweise nicht abgegeben. Die Abgabetiere sind nach Geschlechtern getrennt.

Vom Tierschutz

In vielen Tierheimen und bei privaten Vermittlern warten ungeliebte Zwerghamster oder ungewollter Zwerghamsternachwuchs auf ein neues Zuhause. Fragen Sie also unbedingt bei den umliegenden Tierheimen nach, ob der passende Hamster dort schon auf Sie wartet. Über das Internet sind auch private Notaufnahmen leicht zu finden. Hier bekommen Sie Tiere, deren Alter, Charakter und bisherige Lebensgeschichte bekannt ist. Häufig sind bei privaten Vermittlern die Hamster durch den Kontakt zum Pfleger sehr gut sozialisiert.

Gerade für Anfänger kann es sinnvoll sein, erst einmal einen älteren Zwerghamster aufzunehmen. Der Charakter des Tieres ist gut bekannt, der Pflegezeitraum überschaubar und Sie tun ein gutes Werk, wenn Sie einem ungeliebten Tier eine neue Chance geben.

Aus Anzeigen

In großen Internetforen und Portalen sowie in Zeitungen werden viele Zwerghamster angeboten, manchmal sogar mit komplettem Zubehör. Ein Komplettpaket mit Hamster kann sich schnell als überteuert herausstellen, wenn das angebotene Zubehör nicht tiergerecht oder das Hamsterweibchen schwanger ist.

NUR KEINE EILE

▶ Wählen Sie Ihren Hamster in den Morgen- oder Abendstunden aus. Die meisten Hamster verschlafen die Mittagszeit, dann hätten Sie keine Gelegenheit, ihn kennenzulernen.

▶ Halten Sie ihm die Hand hin und schauen Sie, ob sie sich sympathisch sind.

▶ Führen Sie einen gründlichen Gesundheitscheck (siehe S. 63) durch.

▶ Nehmen Sie das gewohnte Futter und sein Nest mit nach Hause, damit er sich bei Ihnen gleich wohlfühlt.

Vom Züchter

Zwerghamsterzüchter inserieren meist in Zeitungen und im Internet. Achten Sie darauf, dass der Züchter nur wenige Tiere in tiergerechten Gehegen hält und Sie ebenfalls ausführlich berät. Bei Züchtern bekommen Sie häufig auch ausgefallenere Farbschläge und besser sozialisierte Tiere.

Vom Zoofachhändler

Zwerghamster gibt es in jedem größeren Zoofachgeschäft und sogar in den Zooabteilungen vieler Baumärkte. Kaufen Sie Ihren neuen Hausgenossen aber nicht dort, wo er am günstigsten zu bekommen ist! Suchen Sie lieber nach einem guten Zoofachgeschäft, wo Ihnen ein Fachverkäufer kompetent beratend zur Seite steht. Tiergerechtes Zubehör und große Gehege sollten selbstverständlich in dem Geschäft vorrätig sein. Allerdings sollten Sie immer bedenken, dass Sie beim Kauf in einem Geschäft oft wenig über die Herkunft des Hamsters erfahren und die Tiere dort häufig sehr gestresst sind, da sie ihre Tagruhe nicht einhalten können.

Schenken lassen?

Lassen Sie sich keinen Hamster schenken und verschenken Sie auch keinen Hamster. Die Chemie zwischen Halter und Haustier muss stimmen, deshalb sollten sich zukünftige Halter ihren Zwerg immer selbst aussuchen. Eine gute Geschenkidee ist dann ein Buch und dazu ein „Hamster-Gutschein".

DIE TRANSPORTBOX

▶ Verwenden Sie für den Transport des Hamsters nur eine gut belüftete Box aus Hartplastik von etwa 20 x 30 x 12 cm. Aus Kartons nagt sich ein Hamster schnell heraus.

▶ Die Box benötigen Sie später noch, der Hamster kann darin die Zeit verbringen, in der Sie seinen Käfig reinigen.

▶ Auch für einen Tierarztbesuch oder als Krankenlager ist so eine Box sinnvoll.

Zwerghamster in Gruppenhaltung?

Sind Zwerghamster nun eigentlich Einzelgänger wie ihre großen Verwandten, oder leben sie doch lieber in der Gruppe und brauchen sie Artgenossen? Diese Frage beschäftigt und spaltet Halter und Experten gleichermaßen.

Nur vom Chinesischen Zwerghamster weiß man sicher, dass diese Art in freier Wildbahn nur zur Paarung zusammenkommt und dann wieder getrennte Wege geht. Wenn man Paare dauerhaft zusammenhält, stehen diese unter Stress und es kann zu Rangkämpfen kommen. Deshalb werden Chinesische Zwerghamster wohl am besten einzeln gehalten.

Die Phodopus-Zwerghamsterarten leben zumindest zeitweise oder dauerhaft mit einem gegengeschlechtlichen Partner zusammen. Studien scheinen zu belegen, dass Zwerghamster, die längere Zeit als Paar zusammenlebten, ihren Partner vermissen, wenn dieser verstirbt oder aus dem Gehege genommen wird. Die Wundheilung bei Zwerghamstern in Paargemeinschaften verläuft schneller als bei einzeln gehaltenen Tieren. Das lässt darauf schließen, dass Phodopus-Arten gern in einer Partnerschaft leben. Allerdings sind sie sehr wählerisch und akzeptieren nicht jeden Geschlechtspartner, mitunter kann es zu Rangproblemen kommen.

Paarhaltung

Werden Zwerghamsterpaare dauerhaft zusammen gehalten, ziehen diese in regelmäßigen Abständen Jungen auf (siehe S. 73). Dies ist in der Heimtierhaltung natürlich nicht gewollt. Die Kastration der Böcke könnte Abhilfe schaffen. Es ist aber ein komplizierter Eingriff und nicht alle Zwerghamsterweibchen akzeptieren einen kastrierten Partner.

Gleichgeschlechtliche Gruppen

Als Alternative wird versucht, Zwerghamster in gleichgeschlechtlichen Gruppen zu pflegen. Als Jungtiere vertragen sich Zwerghamster recht gut. Mit etwa 30 Tagen sollten sie nach Geschlechtern getrennt werden. Sie können dann aber noch etwa drei Monate in größeren Gruppen zusammenleben. In der Zeit lernen sie voneinander und leisten sich friedlich Gesellschaft. Häufig kommt es allerdings mit drei bis vier Monaten zu den ersten Rangkämpfen. Selbst wenn die Hamster nicht kämpfen, zeigt sich häufig anhand von Krankheiten und Untergewicht, dass ein Tier unterlegen ist. Die Gruppen sollten dann in Zweiergruppen oder gleich in Einzeltiere getrennt werden.

Ausgewachsene Zwerghamster sollten nicht in gleichgeschlechtlichen Gruppen gehalten werden. Die Tiere stehen in so einer Gruppe permanent unter Stress und es kann dann zu wirklich gefährlichen Rangkämpfen kommen. Selten erkennt der Halter rechtzeitig, dass eine Auseinandersetzung bevor steht und hat die Chance, die Tiere – bevor es zu ernsthaften Auseinandersetzungen und Verletzungen kommt – zu trennen.

SINGLE-DASEIN

Für die Heimtierhaltung ist die Einzelhaltung von erwachsenen Zwerghamstern durchaus empfehlenswert.
In freier Wildbahn werden bei allen Zwerghamsterarten auch Einzelgänger beobachtet. Gleichgeschlechtliche Paarbindungen werden hingegen nicht beobachtet.

Die kleine
Zwergenwelt

Als Lebensraum für unsere Wühler ist ein interessant und naturnah gestaltetes Gehege am besten geeignet, das schon vor dem Einzug geplant und fertiggestellt wird.

In seinem Gehege verbringt der Hamster sein ganzes Leben, deshalb sollte es so groß sein, dass er darin seine natürlichen Verhaltensweisen ausleben kann. Vorratskammern, Schlafzimmer und Toilette sind nicht genug, auch eine interessante Futtersuche und die Möglichkeiten zum Laufen, Klettern und Entdecken müssen gegeben sein.

Je größer und interessanter das Gehege eingerichtet ist, umso mehr Spaß macht es, den Hamster darin zu beobachten. Studien haben gezeigt, dass ein Gehege für ein bis zwei Zwerghamster eine Grundfläche von mindestens 0,5 m² aufweisen muss. Wünschenswert ist daher eine Größe von mindestens 100 x 50 x 50 cm. Allerdings ist das Minimum natürlich nicht das Optimum, es darf gern auch viel größer werden.

Ein größeres Gehege bietet viel mehr Möglichkeiten zur interessanten und abwechslungsreichen Einrichtung. Für Zwerghamster sind viele hübsche und dekorative Spielsachen im Fachhandel zu bekommen - prüfen Sie sehr genau, was für Ihren Zwerg geeignet ist.

▶ *Je größer* das Gehege ist, umso dekorativer kann es eingerichtet werden.

Variantenreich

Es gibt viele Möglichkeiten, das Zwerghamstergehege in die Wohnung zu integrieren. Vom einfachen Gitterkäfig mit interessanter Einrichtung über große Volieren und Glasterrarien bis hin zum aufwendigen Eigenbau ist alles möglich.

GITTERKÄFIG

Er besteht aus einer Bodenwanne aus Plastik, auf die ein Gitteroberteil aufgesetzt wird. Bei diesen Käfigen ist auf eine Querverdrahtung zu achten. Die Gitterstäbe sollten mit einer dunklen Farbe beschichtet sein, damit sie den Hamster nicht blenden und der Halter sein Tier gut beobachten kann.

Früher wurde gern zu Chromgittern geraten, da Farbbeschichtungen abgenagt wurden. Moderne Pulverbeschichtungen sind allerdings noch nageresistenter und deshalb sind dunkle Gitter mittlerweile ungefährlich für das Tier.

Das Gitter sollte nicht weiter als 0,8 cm auseinander liegen, sonst könnten vor allem Jungtiere und kleine Hamster wie Roborowskis sich leicht durch das Gitter quetschen.

Für erwachsene und größere Hamster eignen sich auch Käfige mit einem Gitterabstand von 1 cm. Vor allem an Türen und Ecken besteht trotzdem häufig Ausbruchsgefahr, hier sollten die Stäbe zusammengebogen werden.

Die Türen müssen so angebracht sein, dass der Hamster an jeder Stelle des Käfigs erreicht werden kann. Die Bodenwanne muss mindestens 15 cm hoch sein, damit sie hoch genug eingestreut werden kann. Vor allem Chinesische Zwerghamster fühlen sich im Gitterkäfig wohl, da sie gern klettern.

▲ *Jedes Gehege* wird mit der richtigen Einrichtung zur Erlebniswelt.

TERRARIEN

Normale Terrarien verfügen meist nur über eine geringe Belüftung, die für Reptilien ausreicht, aber für Nager unzureichend ist. Der untere Rand ist häufig für eine hohe Einstreu zu niedrig, diese fällt durch die Schiebetüren heraus und verstopft die Schienen der Türen. Nur spezielle Nagerterrarien, mit entsprechenden Schienen an den Türen, einer hohen unteren Glaswand und mehreren Belüftungsöffnungen sind für Zwerghamster geeignet.

VOLIEREN

Volieren müssen mit durchgehenden Etagen versehen werden, denn tiefer als 25 cm sollte der Hamster nicht fallen können. Bei allen Volieren ist darauf zu achten, dass die Türen so angebracht sind, dass auch mit eingebauten Etagen alle Ecken vom Gehege gut eingerichtet und sauber gehalten werden können und der Hamster im Notfall immer zu erreichen ist.

GLASBECKEN / AQUARIEN

Glasbehälter sind gut geeignet, da sie hoch eingestreut werden können und die Einstreu nicht herausfallen kann. In kleineren Becken bis 120 x 60 cm dürfen nicht mehr als 1/3 der Grundfläche mit Etagen versehen werden, da sonst keine ausreichende Belüftung mehr gegeben ist. Die Wände sollten bei kleineren Becken nicht wesentlich höher sein, als das Becken tief ist. Ein Gitterdeckel (siehe S. 27) muss immer angebracht werden. Wird dafür viereckiger Volierendraht verwendet, kann dieser bei erwachsenen Zwerghamstern auch einen Abstand von bis zu 1,2 cm haben.

HOLZGEHEGE

Gehege aus beschichtetem oder ungiftig lackiertem Massivholz werden im Internet in großen Größen angeboten. Sie bestehen normalerweise aus drei Holzwänden, einer Plexiglasfront und einem Gitterdeckel und sind mit zusätzlichen Etagen versehen. Günstigere Modelle sind nicht lackiert und müssen unbedingt nach dem Kauf noch mit einem hochwertigen Lack versehen werden. Dieser muss speziell als Lack für Kinderzimmereinrichtungen gekennzeichnet sein, nur dann ist er für Hamster ungiftig. Achten Sie bei der Wahl eines Holzgeheges unbedingt darauf, dass die Konstruktion gut verarbeitet ist. So dürfen sich vor allem in den Ecken keine Ansatzmöglichkeiten zum Benagen befinden.

EIGENBAU

Ein Gehege kann auch leicht selbst gebaut werden. Ein Eigenbau hat den Vorteil, dass es von Farbe und Form genau in die Wohnlandschaft des Menschen eingepasst werden kann.

Als Grundgerüst können ein Schrank oder Regal dienen. Hier werden dann statt einem Gitterdeckel einfach Gittertüren angebracht, damit eine optimale Belüftung gewährleistet ist. Bereits vorhandene Einlegeböden können als Etagen im Gehege weiter verwendet werden. Schränke bzw. Regale mit Vitrinentüren aus Glas sind ebenfalls geeignet. Für eine ausreichende Belüftung dienen hier dann Gitterfenster, die auf jeder Etage in die Seitenwände der Vitrinen gesägt werden. Als Gitter eignet sich hier wieder einfacher Volierendraht.

Bei allen vorgefertigten Schrankbauteilen ist immer darauf zu achten, dass sie über eine Breite von mindestens 80 cm und eine Tiefe von mindestens 40 cm verfügen. So viel Buddel- und Lauffläche muss sein, auch wenn es mehrere Etagen gibt. Schmalere Gehege lassen sich kaum noch tiergerecht einrichten, da z.B. ein Mehrkammernhaus (siehe S. 36) häufig schon eine Grundfläche von etwa 30 x 30 cm verfügt.

STANDORT

▶ Das Gehege sollte in Augenhöhe im Wohn- oder Arbeitszimmer aufgestellt werden.

▶ Fernseher und Stereoanlage dürfen nur selten und in Zimmerlautstärke laufen.

▶ Höhere Temperaturen werden von Zwerghamstern schlecht vertragen, eine Umgebungstemperatur von 15–22 °C ist optimal.

Soll das Gehege ganz frei gebaut werden ist es sinnvoll, vorab einen detaillierten Bauplan zu erstellen.

- ▶ Drei Seitenwände aus beschichtetem oder ungiftig lackiertem Holz haben den Vorteil, dass dort gut Etagen angebracht werden können, das Gehege nicht zu hell ist und es leicht gebaut werden kann.
- ▶ An einen Rahmen aus Kanthölzern werden die Seitenwände geschraubt.
- ▶ Für die Vorderfront eignen sich am besten Plexiglasscheiben oder Bastlerglas, das Sie sich in einem größeren Baumarkt passend zuschneiden lassen können. Damit es zum Gehegereinigen leicht herausgenommen werden kann, bieten sich Metall- oder Holzschienen am Gehegerand an, in welche dann die Plexiglasplatte geschoben wird. Ein an Scharnieren befestigter Gitterdeckel sorgt dafür, dass der Hamster aus seinem Reich nicht ausbrechen kann.

Gitterdeckel / Gittertüren

Gitterdeckel für Aquarien sind leicht zu bauen:

- ▶ Nehmen Sie die Außenmaße des Aquariums.
- ▶ Bauen Sie einen Rahmen aus Vierkanthölzern, der genau einmal um das Aquarium herumpasst. Diesen Rahmen können Sie an den Ecken mit Metallwinkeln verstärken.
- ▶ Auf diesen Rahmen wird nun Volierendraht getackert.
- ▶ Der Gitterdeckel liegt so auf dem Aquarium, dass der Holzrahmen über den Rand ragt und der Volierendraht direkt auf dem Rand aufliegt. So kann der Deckel nicht verrutschen und es macht auch nichts, wenn er nicht ganz genau passt.
- ▶ Ein Teil des Gitters kann auch durch eine Holzplatte ersetzt werden, die mit Scharnieren an einem zusätzlich angebrachten Querholz

angeschraubt wird. So bekommen Sie einen Klappdeckel, durch den die Versorgung des Hamsters mit Futter etwas erleichtert wird, da nicht immer der ganze Deckel angehoben werden muss.

- ▶ Gittertüren können genau so gebaut werden, hier muss allerdings der Volierendraht innen angebracht werden. Mit Scharnieren werden diese Türen am Rand des Geheges befestigt. Als Verschluss dient ein schlichter Magnetverschluss für Schranktüren, der hält bombenfest, ist aber auch leicht vom Halter zu öffnen.

Bodenbelag

Die meisten Hamster suchen sich in ihrem Gehege eine Ecke, in welche sie urinieren. Mit etwas Glück nehmen sie dort auch eine Toilette an, aber häufiger bestehen sie darauf, ihr Geschäft dort zu verrichten, wo sie es möchten. Deshalb ist es wichtig, vor allem den Käfigboden resistent gegen Urin zu beschichten. Beschichtete Spanplatten eignen sich gut als Gehegeboden, sie sind leicht zu reinigen und müssen nicht weiter bearbeitet werden. Werden Naturhölzer oder andere Materialien zum Bau des Geheges verwendet, ist ein Bodenbelag notwendig. Wachstischdecken, PVC-Belag oder feste Folien eignen sich nur dann als Bodenbelag, wenn Sie fest verklebt werden und die Ränder mit Holzleisten zusätzlich geschützt werden. Der Hamster darf auf keinen Fall die Möglichkeit haben, die Bodenbeläge anzunagen. Viele dieser Beläge sind beim Verzehr giftig, weil sich dann Weichmacher lösen, und es können scharfkantige Stückchen entstehen, die den Hamster verletzen können.

Der Gehegeboden kann auch mit mehreren Schichten Lack versiegelt werden. Hierfür eignet sich nur spezieller Lack, der für Kinderzimmereinrichtungen geeignet ist. Dieser ist als „sabbersicher" gekennzeichnet und somit ungiftig.

▸ **Graben,** *wühlen und Futter in der Einstreu suchen ist bei Zwergen sehr beliebt.*

Buddeln und Bauen

E in wichtiger Bestandteil der Gehegeeinrichtung ist der Bodengrund. Um Krankheiten
vorzubeugen, muss dieser sehr gewissenhaft ausgesucht werden: Seine Beschaffenheit
darf die Tiere nicht verletzen, er darf ihre Atemwege nicht durch Staub reizen, Tunnel müssen
stabil gehalten und es dürfen keine schädlichen
Stoffe enthalten sein.

Einstreu

Unparfümierte Kleintierstreu aus Holzspan
eignet sich nur dann, wenn sie nicht aus Nadel-
hölzern gewonnen wurde. Alternativ können
Hanfstreu, Pflanzeneinstreu oder eine hochwertige Miscanthuseinstreu verwendet werden.

Wird Bioheu unter die Einstreu gemischt,
halten die Gänge besser. Auch Stroh kann angeboten werden, dabei sollten Sie jedoch vor allem
Weizenstroh wählen. Bei Heu und Stroh ist da-

WICHTIG

Große Labyrinthe und Korkröhren dürfen gern in der Einstreu oder auch darauf stehen, durch ihre Fläche können sie nur schwer eingegraben werden und es besteht keine Verletzungsgefahr. Steine und schwere kleine Einrichtungsgegenstände sollten immer nur direkt auf dem Gehegeboden angeboten werden, nie auf der Einstreu.

Wie hoch einstreuen?

Die verschiedenen Zwerghamsterarten haben unterschiedliche Vorlieben, was ihre Einstreu und die Einstreuhöhe betrifft:

▶ **Chinesische Zwerghamster** buddeln meist nicht sehr viel, eine Einstreuschicht von etwa 10 cm reicht oft aus.
▶ **Dsungaren und Campbells** legen häufig Wert auf einen tiefen Bodengrund, in den sie ihre Gänge bauen können. Hier sollte die Einstreuhöhe über 20 cm hoch sein.
▶ **Robos** benötigen eine Mischform. Sie bevorzugen eine hoch eingestreute Ecke oder Bodenschale zum Bauen ihrer Gänge bauen sowie Flächen mit geeignetem Sand, weil sie sehr gern auf Sand laufen.

Um herauszufinden, ob Ihr Hamster gern Gänge baut, sollten Sie ihm einen Bereich von 60 x 40 cm mit gut 30 – 40 cm hoher Einstreu anbieten. Dazu können Sie ihm ein zusätzliches und mit dem eigentlichen Gehege verbundenes Glasbecken einrichten oder einen Gehegeabschnitt entsprechend abtrennen, handelsübliche Käfige können dazu mit Plexiglas umrandet werden. Die Einstreu sollte dabei nicht zu locker aufgeschüttet werden, verteiltes Heu und Strohhäcksel sorgen für zusätzliche Stabilität der Gänge, es sollte aber nur in kleinen Mengen eingearbeitet werden.

rauf zu achten, dass es nicht feucht oder schimmelig ist. Schimmel ist an starker Staubbildung und schwarzen Flecken leicht zu erkennen.

Granulate oder Pelleteinstreusorten eigenen sich für Zwerghamster nicht. Sie sind zu grob und häufig zu scharfkantig für die empfindlichen Füße. Klumpstreu in der Toilette kann, wenn der Hamster sie annagt, sogar dazu führen, dass sie im Magen verklumpt und das Tier erkrankt.

Buddelkisten

Eine Buddelkiste kann mit ungedüngter Gartenerde angeboten werden. Bei empfindlichen Zwergen ist es sinnvoll, die Erde im Ofen bei 100 °C zu sterilisieren. Damit sie nicht staubt, wird sie dann wieder leicht angefeuchtet. Erde darf nicht als alleinige Einstreu und nur in einem abgegrenzten Bereich angeboten werden. Es ist unbedingt darauf zu achten, dass auf der Erde kein Schimmel entsteht, der Hamster sollte sich dort auch kein Nest anlegen. Torf ist ungeeignet, die enthaltenen Säuren schädigen das Fell. Zudem ist die Verwendung von Torf aus ökologischen Gründen nicht zu empfehlen, da beim Abbau Moore zerstört und so Wildtieren der Lebensraum genommen wird.

Das Sandbad

Das Sandbad dient unter anderem der Krallenpflege, dem Stressabbau und der Körper- und Fellpflege. Am besten eignen sich spezielle Sandarten für Kleintiere aus Bimsstein oder ein hochwertiger Chinchillasand. Dieser besteht aus speziell abgerundeten Sandkörnern, vorzugsweise aus Quarz.

Früher wurde vor allem Attapulgus- oder auch Sepiolith-Sand empfohlen, da aber deren feine Stäube als Krebs erregend gelten, wird heute auf diese Sandarten verzichtet.

Nicht geeignet sind grober Bausand, Sandkastensand, grober Quarzsand oder Vogelsand mit Anis und Muschelgrit. Diese sind zu scharfkantig und können die Tiere verletzen und das Fell schädigen.

◄ **Emsig** *wühlt sich der kleine Dsungare durch sein Sandbad.*

Nistmaterial

Ein kuscheliges Nest muss natürlich sein. Deshalb wird passendes Nistmaterial angeboten. Regelmäßig werden frische Taschentuch- oder Toilettenpapierstückchen im Gehege verteilt. Auch unbedrucktes Papier, Blätter verschiedener Bäume und Sträucher und sogar getrocknete Kräuter und Blütenblätter eignen sich als Nistmaterial.

Tüchertest: Taschentücher und Toilettenpapier müssen sich in Wasser zu einem Brei auflösen. Bleiben beim Wassertest Fäden übrig oder bleibt das Tuch stabil, dürfen Sie Ihrem Hamster diese Tücher nicht als Nistmaterial anbieten. Kosmetiktücher und Küchentücher sind fast immer stabil und eignen sich nicht als Nistmaterial.

ACHTUNG: NICHT GEEIGNET!

Hamsterwatte zieht Fäden, durch welche Gliedmaßen abgeschnürt werden können, z.B. wenn sie sich um die Füße wickelt. Sie sorgt für ein ungünstiges Nestklima, in dem sich Pilze und Bakterien stärker vermehren. Stoffreste ziehen ebenfalls Fäden und können mit chemischen Zusätzen belastet sein. Baumwollschoten stauben sehr stark und können zu Atemproblemen und Augenreizungen führen.

▲ *Fleißig* werden Taschentuchstückchen gesammelt und ins Nest getragen.

WELLNESS FÜR ZWERGE

Wohlfühlen zwerghamsterlike

Riechen, schmecken, erleben – der Wellnessbereich für Zwerghamster dient einerseits der Fell- und Krallenpflege, aber er bietet auch jede Menge Elemente, die seine Sinne anregen. Der Wellnessbereich für die Pflege sollte in jedem Gehege enthalten sein, der Erlebnisbereich kann auch im Auslauf angeboten werden.

Fellpflege, Maniküre und Pediküre

Für alle Zwerghamster gehört das Sandbaden (Seite 30) zum täglichen Fellpflegeritual. Der Sand wirkt wie ein Kamm auf das Fell, er löst verklebte Stellen und trennt die einzelnen Haare voneinander. Die Haut wird massiert und Hautschuppen werden entfernt. Das Sandbad dient auch dem Stressabbau – angefangen vom wohlig auf den Rücken werfen und schubbern, bis hin zum emsigen Wühlen im Sand kann ein Zwerghamster sich dort richtig austoben. Beim „Sandlaufen" werden die Krallen gefeilt und zu langen Krallen vorgebeugt.

Das Sandbad sollte immer sehr großzügig ausfallen. Eine sehr große Keramikschale mit einem Kilo Sand oder mehr ist optimal. Wenn der Zwerg den Sand beim Baden allerdings gleich aus der Schale befördert, dann eignen sich auch große Bonbongläser aus Glas und schrägem Eingang oder Vogelnistkästen ebenfalls. Viele Zwerghamster lieben es auch, wenn Etagen mit Sand ausgestreut sind.

Der bequeme Einstieg ins Wohlfühl-Sandbad kann beispielsweise ein flacher Stein, eine aus einem Ytongstein gesägte Treppe oder auch eine Wurzel sein. Auch das sorgt gleichzeitig für kurze und rund gefeilte Krallen.

Für alle Sinne

Ein raschelnder Blätterhaufen ist für den neugierigen Zwerghamster eine interessante und aufregende Erlebniswelt. Im Sommer können gern große Mengen Blätter (siehe Seite 54) direkt von Bäumen und Sträuchern gesammelt und angeboten werden.

Ein Karton mit frischen Blättern, Wiesenkräutern und Blüten befüllt wird emsig durchsucht und beschnüffelt. Verschiedene Laubarten und Blüten sorgen immer wieder für neue Sinnesreize. Für den Winter können Blätter, Blüten und Kräuter auch getrocknet angeboten werden. Viele Internetshops bieten mittlerweile getrocknete Blätter und Blüten an.

▼ *Auch* *eine interessante Wohnlandschaft dient dem Wohlbefinden. Hier kann der kleine Zwerg viel klettern, seine Sinne werden dadurch angeregt und dekoriert mit Moosen, Wurzeln und Pflanzen wird aus dem Klettergerüst schnell ein kleines Stück Natur.*

Einrichtung

Erst die richtige Einrichtung macht aus einem Gehege einen Lebensraum. Damit dieser Lebensraum keine Gefahren für Ihren Hamster birgt, sollten Sie auf Drahtraufen, Gitteretagen und genagelte Einrichtungsgegenstände verzichten.

Etagen

Auf großzügigen Etagen werden Frischfutter und Wasser sauber angeboten. Rampen und Treppen eignen sich als Etagenaufgänge. Leitern sind nicht zu empfehlen. Robos mögen Etagen, die mit Sand eingestreut sind. Hanf- oder Flachsmatten für Nager verhindern übermäßige Geräuschentwicklung, wenn das Laufrad auf Etagen aufgestellt wird und bieten den Zwergen

weiteres Nistmaterial, welches sie sich erarbeiten müssen. Die Etagen sollten so angebracht werden, dass der Hamster nicht tiefer als 25 cm fallen kann. Ideal sind lackierte (siehe S. 25 und 27) Holzetagen aus Sperrholz.

Es gibt verschiedene Möglichkeiten, die Etagen zu befestigen. Messen Sie die Tiefe des Käfigs von innen genau nach. Überlegen Sie sich dann, wie breit die Etagen sein sollen (auf Türen achten!) und lassen Sie sich im Baumarkt genau passende Sperrholzplatten zuschneiden.

▼ **Auf einer Häuschenetage** können Futter und Wasser sauber angeboten werden.

Im Gitterkäfig: Etagenbretter können einfach mit Haken versehen werden, mit denen das Brett dann ins Gitter gehängt wird. Damit die Etagen leichter ausgewechselt werden können, ist es auch möglich, sie von außen anzuschrauben. Von außen angebrachte Metallunterlegscheiben verhindern das Verrutschen der Etage. Sie werden entweder mit Schrauben oder mit Ösenschrauben gegen die Etagenseiten geschraubt.

Es ist auch möglich, das Etagenbrett einfach einzuklemmen. Dafür wird das Etagenbrett ca. 4–5 cm breiter zugeschnitten. An den Stellen, wo beim Käfig die hochkantigen Gitterstreben sind, werden entsprechend ca. 2 cm tiefe Einkerbungen in das Brett gesägt. Das Brett wird dann mit einigem Kräfteaufwand zwischen die Gitter geklemmt.

Im Aquarium, Terrarium, Eigenbau: Tischetagen eignen sich hier gut, sie können beim Reinigen leicht entfernt werden. Dazu werden einfach vier Kanthölzer als Beine unter die Etagenplatte geschraubt.

Die Etagen können aber auch auf Leisten gelegt werden. Dafür werden Leisten aus Metall oder Holz mit Zweikomponentenkleber fest an das Glas geklebt oder gegen Holzwände geschraubt.

▶ **Rampen** bieten den Hamstern eine komfortable Möglichkeit, Etagen und Häuser zu erklimmen.

Schlafhäuschen

Mehrere Schlaf- und Spielhäuser bieten dem Zwerghamster die Möglichkeit, Futterreserven und Schlafplatz zu trennen. Die Häuser sollten aus unbehandeltem Holz bestehen, nur so ist eine optimale Belüftung darin gewährleistet. Deckel müssen so konstruiert sein, dass sie abgenommen werden können, damit eine stressfreie Nestkontrolle möglich ist. Die Häuser dürfen keinen Boden haben, denn die Hamster bauen sich ihre Nester gern tief in die Einstreu und urinieren auch mitunter in das Haus. Die Mindestgrundfläche eines Hauses muss 14 x 12 cm betragen. Die Wände sollten nicht mehr als 20 cm auseinander stehen. Eingänge von Häusern und Spielzeugen dürfen nicht kleiner als 3,5 cm im Durchmesser sein, damit der Hamster auch mit vollen Backentaschen noch durch die Tür passt.

Labyrinthe

Mehrkammernhäuser, sogenannte Labyrinthe, eignen sich für Zwerghamster besonders gut. Sie bestehen aus mehreren Kammern, haben keinen Boden und das Dach kann zur Nistkontrolle abgenommen werden. Hier können die Hamster sich Nistkammer, Abort und Futterkammer in einem Bau einrichten.

Laufrad

Studien zeigen, dass Hamster, die regelmäßig in einem Laufrad trainieren, besser Stress abbauen und gesünder sind. Da unsere Zwerge auch gelegentlich gern einfach loslaufen, sollte ein Laufrad in keinem Gehege fehlen.

Zu kleine Laufräder führen allerdings zu Rückenschäden. Deshalb müssen die Laufräder für Robos einen Mindestdurchmesser von 20 cm, für die anderen Arten von etwa 25 – 27 cm aufweisen.

Die Aufhängung der Räder muss so angebracht sein, dass der Hamster sich nicht zwischen Aufhängung und Rad einklemmen kann. Sinnvoll sind offene oder mit Eingängen versehene Vorderseiten. Im Handel bekommen Sie Wodent Wheel™ Laufräder, welche für alle Zwerghamsterarten zu empfehlen sind. Auch hochwertige Holzlaufräder mit einer Wachsbeschichtung sind geeignet. Hier ist auf eine leicht geriffelte Lauffläche zu achten. Eckige aufgeklebte Leisten, offene Laufflächen aus Gitter oder mit Stoff bespannte Laufflächen sind für Zwerge nicht geeignet.

WICHTIGES ZUBEHÖR

▶ Eine Sandbadewanne aus Keramik oder Glas mit einem Durchmesser von etwa 12 cm und mindestens 5 cm Höhe.

▶ Ein Wassernapf, ein Napf für Frischfutter und ein Trockenfutternapf aus Keramik. Gut geeignet sind dafür kleine Tonuntersetzer für Blumentöpfe oder spezielle Hamsterschalen aus dem Fachhandel.

▶ Eine Hamsterecktoilette aus Keramik.

Abenteuerland

Damit keine Langweile aufkommt, wird der Lebensraum mit vielen interessanten Einrichtungsgegenständen eingerichtet. Hin und wieder sollten unsere kleinen Freunde etwas Neues zum Klettern und Entdecken bekommen.

Selbstverständlich muss nicht das ganze Gehege mit Spielsachen voll gestellt werden, der Hamster benötigt ja noch Platz zum Laufen und für die Futtersuche. Ein paar Spielsachen sollten natürlich angeboten werden, ggf. im monatlichen Wechsel. Nicht alle im Handel angebotenen Spielgeräte sind für Zwerghamster sinnvoll. Auf Wippen und Spielsachen mit sehr engen Einstiegslöchern muss wegen der Verletzungsgefahr verzichtet werden. Auch Plastikröhren und Plastikhäuser sind aufgrund der unzureichenden Luftzirkulation und durch Splitter, die beim Annagen entstehen können, ungeeignet.

In großen Gehegen können ganze Landschaften aus Naturmaterialen gestaltet werden. Korkplatten, Holzröhren, Weidenbrücken, Korkhalbröhren und Moose bieten Abwechslung und erfreuen auch das Auge des Betrachters.

Variantenreiche Hölzer

Bei allen Zwerghamstern sind Spielsachen aus Naturholz sehr beliebt. Dicke Äste mit vorgebohrten Löchern als Tunnel sind im Zoofachhandel zu bekommen. Alle Löcher sollten allerdings auch hier einen Durchmesser von mindestens 3,5 cm aufweisen. Zu Tunneln gebogene Weidenbrücken und halbrunde Rindentunnel dienen zum Durchflitzen und Draufsitzen. Wurzeln und dicke Zweige können als Aufgänge zu Etagen benutzt werden.

▲ **So richtig flink** *losflitzen kann der kleine Zwerg in seinem großen Laufrad.*

▶ **Hier** *ist genug Platz für alle Dinge, die so ein kleiner Kerl sammeln muss.*

Papier gepappt

Um einen Luftballon werden mindestens sechs Lagen unbedrucktes und unparfümiertes Toilettenpapier gewickelt. Dieses wird mit einer Blumenspritze angefeuchtet und muss dann mehrere Tage trocknen. Sobald die Höhle hart geworden ist, wird die Spitze mit einer Schere aufgeschnitten, der Ballon entfernt und schon ist die Hamsterhöhle fertig.

Papptunnel

Papprollen bieten jede Menge Abwechslung. Geeignet sind vor allem saubere und klebefreie Restrollen von Küchenpapier, leere Toilettenpapierrollen oder auch Posterrollen aus dicker Pappe. Die Rollen können zu Pyramiden oder Labyrinthen zusammengelegt werden. Es ist aber darauf zu achten, dass sie nicht mit dem Hamster darin wegrollen können.

▲ **Dekorativ und vielseitig** einsetzbar sind selbst gemachte Papierhöhlen.

Dekoratives Ambiente

Mit verschiedenen Häusern aus Keramik und Holz können die Gehege ansprechend aufgewertet werden. Reine Dekoration nützt dem Hamster aber nichts, deshalb sollten solche Häuser immer groß genug sein, dass sie auch als Futterverstecke oder Aussichtsplattformen dienen können.

▶ **Papprollenpyramiden** *werden für die kleinen Entdecker mit Leckerchen noch interessanter.*

Gangsysteme

Hamster lieben dunkle Gänge und Höhlen zum Erkunden und Durchflitzen. Mit ganz einfachen Mitteln können Sie Ihrem Zwerghamster tolle Gangsysteme basteln und ihm immer wieder etwas Neues zum Erkunden bieten.

1 Aus einem unbedrucktem Karton wird mit wenigen Handgriffen ein Labyrinth. Nehmen Sie dazu einen Karton, der eine Seitenlänge von mindestens 25 cm hat und gut 10 cm hoch ist. Die Deckelklappen des Kartons schneiden Sie ab, daraus werden später die Labyrinthwände gemacht.

2 Nun zeichnen Sie Kammern im Labyrinth vor. Achten Sie darauf, dass eine größere Kammer von 10 x 10 cm bleibt. Überlegen Sie, wo sich das Eingangsloch befinden soll und schneiden Sie es in die Kartonwand.

3 Anschließend werden die Pappwände eingeklebt. Dazu verwenden Sie idealerweise einen ungiftigen Leim auf Wasserbasis. Damit die Wände nicht beim Trocknen verrutschen, fixieren Sie diese mit Stecknadeln.

◄ **Für manchen Zwerg** ist die
Hand ein willkommener
Fahrstuhl und Futterplatz.

Zwerghamster
kennenlernen

Futter sammeln, Baumaterial transportieren, Reviergrenzen kontrollieren – die Hamsterchen haben ein faszinierendes Verhalten.

Beobachten Sie Ihren kleinen Mitbewohner dabei, wie er nach und nach sein neues Reich erobert, es nach seinen Bedürfnissen umgestaltet und auch Ihnen mit immer größerer Neugier begegnet.

Der Zwerghamster zieht ein

Tagelang wurde das neue Gehege gebaut und eingerichtet und endlich ist es soweit, dass der neue Mitbewohner einziehen kann. Nachdem er gewissenhaft ausgesucht wurde und in seiner Transportbox sitzt (siehe S. 19), sollten Sie noch einige Dinge beachten, damit der Zwerg sich gleich von Anfang an richtig wohlfühlt.

Der Umzug

Jeder Umzug in ein neues Reich ist für das Tier mit großem Stress verbunden. Sie können diesen Stress minimieren, indem sie sein gewohntes Futter und vor allem sein gewohntes Nest in die Transportbox geben und später auch im Gehege anbieten.

Lassen Sie sich auch etwas gebrauchte Einstreu einpacken und streuen Sie diese im Gehege aus, dann riecht das neue Gehege gleich vertraut.

Die Heimfahrt

Die Fahrt und der Aufenthalt in der Transportbox sollten so kurz wie möglich sein. Fahren Sie direkt nach Hause, auf keinen Fall dürfen nach dem Kauf noch ein Einkaufsbummel oder ein anderer Umweg auf dem Programm stehen.

Vor allem im Sommer kann die Hitze im Auto, verbunden mit dem massiven Stress der Autofahrt, zu einem lebensgefährlichen Kreislaufkollaps führen. Achten Sie also auf ein angenehmes Klima im Auto.

Damit der Hamster auch während der Fahrt genug Flüssigkeit bekommt, bieten Sie eine halbe Gurkenscheibe an.

Im Winter muss die Transportbox gut isoliert und der Hamster vor dem Auskühlen geschützt werden. Der Transport sollte vor allem bei extremen Temperaturen am besten am frühen Morgen oder späten Abend stattfinden.

▼ **Ihr neuer Mitbewohner**
*sollte in Ruhe sein neues
Reich erkunden dürfen.*

Ankunft

Zu Hause angekommen, wird erst die mitge-
brachte Einstreu verstreut und dann sollte der
Hamster vorsichtig mit seinem Nest in das
Gehege gesetzt werden. Nun braucht der Zwerg
erstmal viel Ruhe. Er wird aufgeregt sein neues
Reich inspizieren und markieren und dabei
möchte er nicht gestört werden. Beobachten
Sie den Hamster aus einiger Entfernung, aber
bitte führen Sie dabei keine Unterhaltung und
fassen Sie nicht nach dem Tier. Verändern Sie
in den zwei bis drei Wochen nach dem Einzug
nichts im Gehege. Bieten Sie nur täglich frisches
Wasser und Futter an und kontrollieren Sie
durch Hochklappen der Häuserdeckel, wo der
Hamster wohnt und ob er Frischfutter bunkert
(siehe S. 52). Auch das Reinigen der Pinkelecke
ist frühestens nach einer Woche nötig.

Freundschaft schließen

N ach etwa einer Woche oder wenn der Hamster ohnehin immer schon neugierig angelaufen kommt, können Sie anfangen, sich mit dem kleinen Wesen anzufreunden. Reden Sie ihn mit ruhiger Stimme an.

Nennen Sie ihn oft beim Namen, er wird den Klang seines Namens bald mit Ihnen in Verbindung bringen.

Bieten Sie ihm Leckerchen wie Kerne und Nüsse auf der flach ausgestreckten Hand an. Bald wird er dann die Hand neugierig erkunden und sich die Leckerbissen holen. Es kann sein, dass er dabei zwischen den Fingern scharrt oder hineinzwickt. Auch wenn es schmerzt, bleiben Sie ruhig und setzen den Hamster gegebenenfalls vorsichtig ab.

Umgangsregeln

- ▶ Legen Sie die Hand niemals direkt vor das Haus mit dem Schlafnest, das würde er als Bedrohung sehen und dann könnte er zubeißen.
- ▶ Wecken Sie den Zwerghamster niemals, um mit ihm zu spielen, dadurch setzen Sie ihn unter massiven Stress.
- ▶ Lassen Sie den Hamster nach dem Aufstehen so lange in Ruhe, bis er von selbst zeigt, dass er nun Zeit für Sie hat.
- ▶ Zwerghamster nehmen ihre Umgebung sehr stark über Gerüche war. Benutzen Sie immer dieselbe Seife und kein Parfüm, wenn Sie sich ihm nähern. Ist er sehr scheu, reiben Sie Ihre Hände in benutzter Einstreu, damit sie bekannt riechen.
- ▶ Stecken Sie niemals Futter durch das Käfiggitter, das animiert das Tier zum Gitternagen und könnte auch dazu führen, dass er alles beißt, was sich durch die Gitterstäbe nähert.

HOCHNEHMEN

- ▶ Lassen Sie den Hamster in eine Tasse mit etwas Futter laufen. Damit er nicht herausspringt, wird sie abgedeckt.
- ▶ Oder umfassen Sie ihn vorsichtig mit beiden Händen und bilden so eine Höhle, um ihn beim Tragen zu schützen.
- ▶ Heben Sie den Hamster niemals hoch, indem Sie ihn am Nacken fassen. Das bereitet ihm Schmerzen und zuvor gesammelte Futterbrocken können dabei die Backentaschen verletzen!

So sind Zwerghamster

Jeder Zwerghamster ist eine eigenständige Persönlichkeit. Jeder hat seine kleinen Macken und Vorlieben und keiner gleicht dem anderen. Aber sie alle haben gemeinsame Verhaltensweisen die Sie kennen und respektieren sollten.

▶ **Männchen machen** ist fast immer ein Zeichen erhöhter Aufmerksamkeit. Dabei steht der Hamster auf den Hinterbeinen und schnuppert in die Luft. Manche Hamster betteln auch so um Leckerbissen.
▶ **Ausgiebiges Putzen** ist häufig eine Übersprungshandlung, wenn der Zwerg gerade nicht weiß, was er tun soll. Aber natürlich betreiben die Zwerge auch eine intensive Fellpflege.

MARKIEREN

Zwerghamster besitzen eine Duftdrüse am Bauch, diese ist bei Männchen ausgeprägter als bei Weibchen und kann für die menschliche Wahrnehmung auch unangenehm riechen. Wenn Hamster erwachsen werden, fangen sie an, ihr Revier damit zu markieren. Sie rutschen dann mit dem Bauch über alle Stellen, die markiert werden müssen. Auch nach der Gehegereinigung wird zuerst alles neu markiert.

▶ **Kreischt** der Hamster, hat er sich sehr erschreckt – geben Sie ihm die Möglichkeit, sich zu beruhigen.
▶ **Zusammengefaltete Ohren** zeigen an, dass der Hamster gerade erst aufgestanden ist. Lassen Sie ihn in Ruhe seine Morgentoilette erledigen, bevor Sie ihn ansprechen.
▶ **Fauchen** mit aufgerissenem Mäulchen ist ein Warnsignal. Reißt er das Mäulchen auf und streckt sich dabei ohne zu fauchen, gähnt er allerdings nur.
▶ **Vorsichtiges Laufen** und gegebenenfalls rückwärts gehen sind ein Zeichen von Angst und Unsicherheit.

Eigenarten

Es gibt auch einige Verhaltensweisen, die uns Halter stören. Nicht selten sind wir allerdings selbst der Auslöser für das negative Verhalten.

Der Zwerghamster kann nicht aus seiner Haut, viele seiner Verhaltensweisen sind vorprogrammiert, deshalb müssen wir versuchen sie zu verstehen und darauf einzugehen.

▶ **Nagt** der Hamster am Gitter, ist das häufig ein Zeichen von Langeweile in einem zu kleinen und uninteressant eingerichteten Gehege mit fehlendem Laufrad. Es kann auch ein Zeichen von Stress sein, wenn die Umgebung des Hamstergeheges zu laut ist, das Tier oft geweckt oder zu wild bespielt wird. Artgenossen im selben Zimmer können massives Gitternagen auslösen. Ebenso fühlen sich Hamster nicht sicher und versuchen zu entkommen, wenn ihr Gehege zu häufig gereinigt und das Futterdepot entfernt wird.
▶ **Beißt** der Hamster die Hand, die ihn füttert, kann es dafür viele Ursachen geben. Die Hand liegt zu nah an seinem Nest, die Hand riecht falsch bzw. fremd, der Hamster wurde geweckt oder bei anderen Tätigkeiten gestört. Manche Hamster beißen auch aus Gier in die Hand oder weil sie einfach schauen wollen,

wie weit sie gehen können. Schubsen Sie den Hamster in dem Fall vorsichtig weg und zeigen Sie ihm so, dass er dann kein Leckerchen bekommt.

▶ **Hat der** Hamster bisher nicht gebissen, könnte das Beißen auch ein Zeichen von Schmerzen und einer beginnenden Krankheit sein!

▶ **Verschmutzt** der Hamster sein Häuschen, ist das sicher sehr unangenehm. Normalerweise würde sich der Zwerghamster eine spezielle Pinkelecke suchen. Es ist deshalb wichtig, ihm direkt am Haus oder noch besser in einem Mehrkammernhaus eine Toilette anzubieten und herauszufinden, welche Einstreu er bevorzugt. Bleibt der Hamster unsauber, könnte das auch daran liegen, dass die Ecke zu häufig gereinigt wird. Ein Zwerg-

hamster, der zu jung von der Mutter getrennt wurde, hat noch keine Sauberkeit gelernt. Manche Hamster lernen es dann nie mehr. Allerdings ist es für Zwerghamster ein völlig normales Verhalten, wenn sie Kot zwischen ihren Vorräten verteilen. Diese getrockneten „Böhnchen" sollen ihr Futter und ihr Revier markieren. Da Zwerghamsterkot sehr trocken ist, siedeln sich dort im Normalfall und bei sauberer Haltung keine Bakterien an.

▶ *Eine Papprolle* hilft mitunter dabei, die Scheu vor dem Menschen zu verlieren.

Zwerghamster unterwegs

Hamster sind kleine Entdecker, die ihr Gehege natürlich auch mal verlassen möchten. Freilauf in der Wohnung ist allerdings nicht ganz ungefährlich.

Die kleinen Gesellen sind sehr flink und schneller unter einem Schrank, der Couch oder in einer engen Ecke verschwunden, als Sie ihm folgen können.

Draußen in der Welt warten auch vielfältige Gefahren wie Kabel, giftige Zimmerpflanzen, gekippte Fenster oder andere Haustiere auf ihn. Die süßen Zwerge kommen beim Auslauf auch auf die unmöglichsten Ideen – der Teppich wird z.B. als prima Nistmaterial angesehen und die Türecke stört ihn und muss angenagt werden. Da er dort draußen so herrlich beschäftigt ist, möchte der kleine Hamster auch meist nicht wieder von selbst in sein Gehege zurück. Anders als bei Mäusen klappt auch ein Auslauf auf dem Tisch oder dem Bett nicht. Hamster können keine Höhen einschätzen und fallen herunter.

Spielparadies

Bieten Sie Ihrem Hamster einen abgegrenzten Auslauf an. Diesen können Sie mit verschiedenen Einrichtungsgegenständen und verstreutem Futter interessant gestalten. Im Fachhandel bekommen Sie bereits fertige Gitterelemente. Sie können aber auch einfach im Baumarkt 10 Plexiglasplatten mit den Maßen 50 x 25 cm kaufen. Diese werden mit Gewebeklebeband an der kurzen Seite locker miteinander verklebt und ergeben so einen variabel aufstellbaren und zusammenklappbaren Auslauf.

Buddelparadies

Wenn Sie genug Platz haben, können Sie ihrem Hamster auch eine dauerhafte Buddelkiste zur Verfügung stellen. Verwenden Sie dafür einen Kasten mit einer Grundfläche von mindestens

FUTTER IM NEST

Wilde Zwerghamster sammeln in einem Sommerhalbjahr mitunter mehrere Kilo Wintervorräte. Nur mit einem guten Futterpolster fühlen sie sich sicher. Unsere Zwerge versuchen auch für den Winter vorzubeugen, sie wissen ja nicht, dass wir sie füttern werden. Das Futterdepot beruhigt sie, lassen Sie es im Nest bzw. legen Sie nach der Reinigung ein gleichgroßes Depot aus neuem Trockenfutter an die gleiche Stelle.

1 m und einer Kantenhöhe von 20 cm. Lassen Sie den Hamster niemals unbeaufsichtigt im Auslauf spielen, denn die niedrigen Wände sind kein echtes Hindernis für einen findigen kleinen Backenstopfer. Wenn sie den Kasten allerdings mit einem Gitterdeckel versehen, können Sie ihn mit einer kurzen Röhre auch dauerhaft mit dem Gehege verbinden.

Damit der Auslauf stressfrei vonstatten geht, sollte der Hamster selbst entscheiden, ob er in den Auslauf will oder nicht. Bieten Sie ihm den Auslauf vor allem zu seinen üblichen Aktivitätszeiten in den frühen Morgen- oder Abendstunden an.

Ausreißer einfangen

Wenn der Zwerg mal ausgerissen ist, müssen Sie sehr vorsichtig und überlegt vorgehen. Versuchen Sie herauszufinden, wo der Hamster sich aufhält. Legen Sie genau abgezählte Sonnenblumenkerne an verschiedenen Ecken des Raumes aus. Nimmt der Hamster sich an einer bestimmten Stelle sein Futter weg, wissen Sie, wo er sich befindet. Stellen Sie einen Pappkarton mit seinem Nest und einem kleinen Eingang vor sein Versteck, viele Hamster ziehen freiwillig dort ein und können dann mit dem Karton zurück ins Gehege gebracht werden.

GEFÄHRLICHE JOGGINGBÄLLE!

Auf keinen Fall sollten Sie durchsichtige, geschlossene Kugeln, sogenannte Joggingbälle bzw. Laufkugeln, für die Beschäftigung Ihres Hamsters verwenden. In den häufig zu kleinen Kugeln herrscht eine schlechte Belüftung, der Hamster läuft in seinen eigenen Fäkalien und der Rücken biegt zu stark durch. Da er seine Umgebung nicht riecht oder sieht, steht er massiv unter Stress. Die Verletzungsgefahr durch Anstoßen ist in den Kugeln sehr hoch.

◄ *Hier* gibt es für kleine Entdecker viel zu erleben und zu erschnüffeln.

Ein so seltenes Leckerchen wie eine Erdnuss wird sofort gefressen.

Gesunder
Speiseplan

*Wildlebende Zwerghamster sind
auf karge Kost eingestellt.*

Zwar ist im Frühling und zu Beginn des
Sommers der Futtertisch reich gedeckt
– verschiedene Kräuter, Blüten, Gräser,
Samen und Insekten stehen dann auf dem Speiseplan. Aber schon im Spätsommer vertrocknen
viele Pflanzen und im Winter gibt es nur wenig
Abwechslung. Unsere Heimtiere haben es besser,
sie können jeden Tag ausgewogene Mahlzeiten
zu sich nehmen.

Basisinfo

Dsungarische und Campbell Zwerghamster: Der
Anteil tierischer Nahrung beträgt bei Wildtieren
etwa 40 %, Gräsersamen und Kräutersamen
40 – 50 %, andere Pflanzenbestandteile etwa
10 – 20 %.
Roborowski Zwerghamster: Der Anteil an
Gräsersamen und Kräutersamen liegt in freier
Wildbahn bei um die 80 %, dazu kommt noch
ein geringer Anteil tierischer Nahrung von etwa
10 % und andere Pflanzenteile von etwa 10 %.
Chinesische Zwerghamster: Chinesen haben ein
sehr weites Futterspektrum. Der Anteil tierischer Nahrung liegt bei 30 %, der Kleinsämereien bei 50 % und dazu kommen 20 % andere
Pflanzenteile.

Trockenfutter

Im Zoofachhandel sind fertige Trockenfutter-
mischungen zu bekommen. Zuckerzusätze
wie Melasseschnitzel, Melasse, Honig oder
Zucker sollten weder im Futter noch in den
Leckerchen enthalten sein. Der Fettanteil sollte
bei etwa 5 – 6 % liegen. Pellets und eingefärbte,
aufgepoppte Kroketten schmecken den wenigs-
ten Hamstern.

*Ein hochwertiges Futter besteht nur aus natürli-
chen und getrockneten Zutaten: Kleinsämereien,
Kerne, Getreide, Insekten, Trockenkräuter und
Blüten sind klar zu erkennen.*

Die richtige Menge

Pro Tag benötigt ein Zwerghamster etwa ein
bis zwei Teelöffel Trockenfutter. Geben Sie zu
Anfang die kleinste Menge Futter und achten
Sie darauf, wie viel der Hamster davon bunkert
oder verspeist.

Bleibt nichts zum Bunkern übrig, steigern
Sie langsam die Trockenfuttermenge. Wird nicht
das gesamte Futter gebunkert oder suchen sich
die Zwerge nur noch die leckersten Bestandteile
heraus, dann geben Sie etwas weniger Futter.

Selbst gemischt

Sie können das Futter für Ihren Zwerghamster auch selbst mischen.

Nehmen Sie dazu
- 200 g ungedüngte Gras- und Kräutersamen,
- 200 g verschiedene Hirsearten,
- 50 g Ölsamen wie Nigersaat, Kardi und Perilla
- oder 100 g Grassamen und 350 g hochwertiges Wellensittichfutter.

Dazu kommen:
- 100 g Getreidemischung und
- 50 g Getreideflocken aus Hafer, Gerste, Kamut, Roggen oder auch Amarant,
- 50 g Nüsse und Kerne,
- 100 g getrocknete Insekten und Mehlwürmer,
- 200 g Trockenkräuter und
- 100 g Trockengemüse z.B. aus Möhren, Erbsenflocken, Pastinaken und Roter Beete.

▶ **An einer Kolbenhirse** *muss sich der kleine Sammler sein Futter erarbeiten.*

KEIMTEST

- ▶ Im Futter sollten keimfähige Samen und Getreide enthalten sein.

- ▶ Streuen Sie die Sämereien und das Getreide aus dem Zwerghamsterfutter auf ein feuchtes Stück Küchenpapier und halten Sie es feucht.

- ▶ Keimen die Samen, dürfen sie gern nach langsamer Gewöhnung als Beifutter angeboten werden.

Warnung: Bildet sich weißer und pelziger Schimmelbelag auf den Keimen, dürfen sie nicht mehr verfüttert werden!

▶ *Freundschaft* schließen fällt leichter, wenn ein Kern in der Hand zu finden ist.

LECKERCHEN

▶ Getrocknete Früchte wie Rosinen, Äpfel, Birnen, Johannisbrot und Hagebutten gehören nur selten auf den Speiseplan, da Zwerghamster zu Diabetes neigen.

▶ Pro Tag können eine halbe Hasel- oder Erdnuss, ein Pinien- oder Sonnenblumenkern oder eine Viertel Walnuss angeboten werden.

▶ Ungekochte Nudeln, Erbsenflocken, Kräuterpellets und Bruchmais sind als Leckerchen geeignet. Sie sollten jedoch einzeln gegeben werden und insgesamt nicht mehr als zwei bis drei Stückchen am Tag.

Futter lagern

Bewahren Sie das Trockenfutter nicht länger als vier Monate auf. Fetthaltige Bestandteile könnten ranzig werden und Vitamine gehen bei langer Lagerung verloren. Lagern Sie das Futter in gut verschließbaren Dosen, um es vor Motten und anderem Ungeziefer zu schützen.

Grün und saftig

Frischfutter gehört täglich auf den Speiseplan. Es versorgt den Zwerg mit Vitaminen, Flüssigkeit, Ballaststoffen und sekundären Pflanzenstoffen.

Gemüse

Die Auswahl an geeignetem Gemüse ist groß, vor allem Fenchel, Möhren, Gurken und Paprika stehen das ganze Jahr über frisch zur Verfügung. Salate wie Feldsalat, Chicoree, Eisbergsalat, Endiviensalat und Bio-Kopfsalat enthalten

Jeden Tag frisch

Jeden Abend möchte ein Zwerghamster einen Napf mit frischem Saftfutter vorfinden. Um Mangelerscheinungen vorzubeugen reicht es aus, täglich drei verschiedene Sorten Gemüse und etwas Grünfutter anzubieten. Etwa fingernagelgroße Stückchen Gemüse oder kleine Blättchen Salat sind genug. Frisst der Hamster den Frischfutternapf allerdings mit Heißhunger leer, dann bieten Sie mehr an. Entfernen Sie jeden Abend nicht verzehrtes Frischfutter und kontrollieren Sie das Nest, um gebunkertes Frischfutter zu entfernen. Welkes Gemüse und gammelndes Frischfutter im Gehege können schwere Krankheiten hervorrufen.

Neue Zwerghamster müssen langsam an das ungewohnte Frischfutter gewöhnt werden. Vor allem im Sommer ist auch eine langsame Gewöhnung an das frische Grün von der Wiese unumgänglich.

zwar viel Nitrat, sind aber in kleinen Mengen unbedenklich. Nicht alles, was Kohl heißt, bläht auch: Für die Zwerghamsterernährung sind Chinakohl, Broccoli, Kohlrabi, Grünkohl und Kohlrüben durchaus geeignet. Auf Weißkohl, Rotkohl, Rosenkohl und Wirsing sollte allerdings verzichtet werden.

Obst

Frisches Obst darf wegen des hohen Zuckergehaltes nur maximal einmal die Woche als kleines Leckerchen angeboten werden. Verschiedene Beeren eignen sich gut, vor allem Erdbeeren (nur ein Viertel), Heidelbeeren, Stachelbeeren, Himbeeren und Brombeeren. Äpfel, Birnen und Wassermelonen werden vor allem im Sommer gern genommen. Auf Steinobst wie Pflaumen und Pfirsiche, Zitrusfrüchte wie Zitronen, Orangen, Mandarinen und exotisches Obst sollte verzichtet werden.

Kräuter und Co.

Frische und getrocknete Kräuter bieten Abwechslung und versorgen die Zwerge mit Mineralien, Vitaminen und Rohfaser. Im Sommer lassen sich auf Wildwiesen vor allem Löwenzahn mit Blüten, Schafgarbe, Spitzwegerich, Giersch,

◄ *Der dekorative Golliwoog und natürlich Möhren sind bei Zwerghamstern sehr beliebt.*

**VORSICHT!
GIFTIGE DOPPELGÄNGER
BELIEBTER FUTTERPFLANZEN**

▶ Giersch hat einen dreieckigen Stängel und schmeckt nach Petersilie, der giftige Doppelgänger Taumel-Kälberkropf hat einen rot gefleckten, borstigen Stängel.

▶ Schafgarbe riecht aromatisch, die Blätter der Doppelgänger Schierling und Rainfarn riechen unangenehm.

▶ Vogelmiere blüht weiß, der unverträgliche Acker-Gauchheil blüht rot oder blau.

Gänseblümchen, Ringelblumen und natürlich verschiedene Gräser mit Ähren und Rispen finden. Diese können in größeren Mengen verfüttert werden. Sammeln Sie nur Pflanzen, die Sie als ungiftig für Hamster kennen. Meiden Sie gedüngte Felder, Straßenränder sowie Grünstreifen, die als „Hundeklo" bekannt sind. Vor allem im Winter oder wenn keine sauberen Wildwiesen zur Verfügung stehen, können Sie auch frische Küchenkräuter wie Petersilie, Melisse, Basilikum und Oregano anbieten.

Das ganze Jahr über ergänzen getrocknete Kräuter und Blüten den Speiseplan. Diese können gern in größeren Mengen in Heuberge gestreut werden. Zwerghamster nutzen sie auch als Nistmaterial und können sich an diesen Futtermitteln nicht überfressen.

▲ *Vogelmiere (ebenso wie Giersch und Schafgabe) sind nahrhafte Futterpflanzen, aber Vorsicht beim Sammeln!*

Gesund und wichtig

Wilde Zwerghamster sind richtige kleine Jäger, sie erbeuten auf ihren Streifzügen verschiedene Würmchen, Larven, Käfer und andere Insekten. Natürlich können auch unsere Heimtiere nicht auf tierisches Eiweiß verzichten, wird es ihnen vorenthalten, kommt es zu Mangelerscheinungen.

Zweige

Äste und Zweige von verschiedenen Bäumen und Sträuchern sollten immer zum Benagen im Käfig vorhanden sein. Besonders hochwertig sind Kernobstbäume wie Apfel, Birne und Quitte. Auch Zweige von Birken, Weiden, Linde, Kirsche, Pflaume, Hainbuche, Pappel, Haselnuss, Johannis- und Heidelbeere sind geeignet. Natürlich dürfen auch gern frische oder getrocknete Blätter an den Zweigen bleiben. Kastanie, Eiche sowie Thuja, Zypressen, Eibe und alle anderen Nadelbäume sind unverträglich.

Eiweißfutter

Obwohl in hochwertigen Futtermischungen schon Eiweiß enthalten ist, sollte zwei- bis dreimal die Woche noch zusätzlich tierische Nahrung angeboten werden.

Wenn Sie sich vor Insekten nicht ekeln, können Sie Ihrem Hamster einmal die Woche eine lebende Mehlkäferlarve anbieten. Damit die Mehlkäferlarven gesund und vitaminhaltig sind, werden sie in einem großen Glas oder einem kleinen Faunarium untergebracht. Als Nahrung dienen den Mehlkäferlarven Haferflocken, Kleie, Mehl und etwas Gurke oder Salat. Um Schimmel vorzubeugen, wird das Faunarium regelmäßig gereinigt. Verfüttern Sie die Würmchen nur von Hand und achten Sie darauf, dass Ihr Hamster dem Leckerbissen den Kopf abbeißt, bevor er ihn in den Backentaschen verstaut.

Sie können auch gern Heimchen oder Grillen anbieten. Dem Hamster beim Einfangen der fliegenden und hüpfenden Beutetiere zuzuschauen ist sehr spannend. Wenn Sie lieber getrocknetes Eiweißfutter anbieten möchten, können Sie auf Bachflohkrebse, Grillen und Garnelen zurückgreifen.

Verarbeitete Milch in Form verschiedener Milchprodukte wie Magerquark, Magermilchjoghurt oder Hüttenkäse sind beliebt und werden von fast jedem Hamster gern genommen. Mehr als ein halber Teelöffel pro Mahlzeit sollte aber nicht angeboten werden.

Frische Milch in reiner Form ist tabu, ausgewachsene Zwerghamster haben eine Lactose-Intoleranz, der enthaltene Milchzucker führt zu Durchfall.

Auf Hackfleisch und anderes unzubereitetes Fleisch sollte absolut verzichtet werden, es enthält zu viele Bakterien und fault sehr schnell, es kann auch nur unzureichend verdaut werden. Frischer und ungewürzter Tofu ist eine tolle Alternative dazu.

▼ **Zweige und Blätter** werden mit Begeisterung erkundet und gefressen.

Wasser und Vitamine

Selbstverständlich muss jeden Tag frisches Wasser angeboten werden. Hierzulande eignet sich Leitungswasser am besten. Sollte es sehr kalk- oder nitrathaltig sein, muss auf kohlensäurefreies, nitratarmes Mineralwasser zurückgegriffen werden.

Vitaminzusätze im Wasser sind unnötig und können bei Überdosierung sogar ungesund für Ihren Zwerghamster sein.

UNGESUND!

▶ Grüne Kartoffeln und Keime, grüne Tomaten und die Pflanze, Spinat, Rhabarber, Aubergine, Avocado und viele Hülsenfrüchte enthalten schädliche Stoffe.

▶ Joghurtdrops, Knabberstangen und andere Leckerchen, die Honig, Zucker oder viel Fett enthalten, sind ungesund.

▶ Schokolade, Kekse, Bonbons und andere Süßigkeiten sind für Hamster lebensgefährlich, denn sie können den Hamster krank machen und der enthaltene Zucker kann die Backentaschen verkleben.

▶ **Zu viele Leckerchen** sorgen für Übergewicht und Krankheiten.

Erlebnisfutter

Zwerghamster verbringen in freier Wild-bahn einen großen Teil ihrer Zeit damit, Futter zu suchen und einzusammeln. Futterspiele und verstecktes Futter dienen dazu, ein wenig Action in das Zwerghamsterleben zu bringen.

Die Futtersuche wird interessant gestaltet. Dabei muss sich der Backenstopfer ordentlich anstrengen, um an seine Körnchen zu kommen. Fangen Sie aber immer mit einfachen Verste-cken an und überfordern Sie den kleinen Nager nicht. Bieten Sie immer einen Teil des Futters unversteckt an.

Um zu verhindern, dass Gemüse gebunkert wird, kann es auf einem Futterspieß aufge-steckt und im Gehege aufgehängt werden. Der Spieß darf aber auf keinen Fall frei schwingen, sondern sollte immer am Boden aufliegen. Es dauert schon eine ganze Weile, bis eine dicke Möhrenscheibe vom Spieß genagt ist. Getreide-ähren, Rispen, Trockenkräuter und Hirsekolben können mit Holzwäscheklammern an Gittern oder Etagen angebracht werden. Auf senkrecht in einen Stein gesteckte Äste werden Frischfut-terstückchen aufgespießt.

Achten Sie darauf, dass der Hamster sich hier nicht verletzen kann, er darf nicht in Astgabeln fallen und die Äste sollten wirklich nicht höher als 10 cm in die Luft ragen.

Futtersuche

Damit der Zwerghamster ein wenig Beschäf-tigung bei der Futtersuche hat, sollten Sie das Trockenfutter im Gehege verteilen. Wenn er es noch nicht kennt, muss er das Futtersuchen

▲ **Futter suchen** bringt Action und Bewegung in das Zwergenleben.

erst lernen. Verstreuen Sie das Futter zuerst nur um den Napf herum. Mit der Zeit können Sie das Futter überall im Gehege verteilen. Achten Sie darauf, dass Kleinsämereien gut gefunden werden, streuen Sie diese z.B. auf Etagen. Es sollte natürlich auch kein Futter in der Toilette landen.

Verstecke

Verstecken Sie das Futter an verschiedenen Stellen im Gehege. Ein senkrecht aufgestellter Ziegelstein mit Löchern wird zu einer Futterwand. Hier muss sich der Zwerghamster schon sehr anstrengen, um an sein Futter zu kommen. Streuen Sie Trockenfutter in kleine Heuberge. Wickeln Sie Futter in Taschentücher und stecken Sie diese in Eierkartons oder Pappröhren,

dann sammelt der Hamster gleichzeitig Nistmaterial. Erdnüsse mit Schale und Kerne können in den Erde-Buddelkasten oder in den Sand gesteckt werden.

Bunte Wiese

Bieten Sie Ihrem Zwerghamster doch mal eine kleine Wiese im Gehege an. Dafür eignen sich große Blumenuntersetzer aus Ton. Auf ungedüngter Erde oder in feuchten Küchentüchern werden verschiedene Kräuter- und Grassamen ausgestreut.

Halten Sie die kleine Wiese feucht, achten Sie aber darauf, dass sich kein Schimmel bildet. Wenn das Grün etwa 10 cm hoch ist, können Sie die Wiese zum Fressen und Auseinandernehmen anbieten.

Liebevoll umsorgt

Natürlich möchten Sie, dass es Ihrem kleinen Hausgenossen an nichts fehlt. Aber aus falsch verstandener Tierliebe werden gerade bei Zwerghamstern häufig viele Fehler gemacht.

Durch zu viel Reinlichkeit stehen sie unter Stress und die gut gemeinte Sauberkeit kann unsere Hamster sogar krank machen.

Sauberkeit

Zwerghamster sind von Natur aus normalerweise sehr sauber. Wenn ihr Gehege entsprechend eingerichtet ist, urinieren sie nur in bestimmte Ecken und koten fast nur im Nest. Es kommt deshalb kaum zu einer massiveren Geruchsbelästigung oder Keimbelastung im Gehege. Das ist ein Glücksfall, denn Studien belegen, dass Zwerghamster nach dem Reinigen ihres Geheges stark unter Stress stehen. Das wundert uns eigentlich auch nicht, denn bei einem Streutausch räumen wir ihnen ja den gesamten Lebensraum um und alles riecht plötzlich fremd. Deshalb müssen Sie bei der Reinigung sehr behutsam vorgehen.

Gehege reinigen

Vor der Reinigung wird das komplette Nest vorsichtig mit dem Hamster in die Transportbox gegeben und in einen ruhigen Raum gestellt, bis Sie mit den Aufräumarbeiten fertig sind. Bei

◀ **Fellpflege** *ist wichtig und wird intensiv betrieben.*

großen Gehegen ist eine komplette Reinigung meist unnötig, hier wird nur alle vier Wochen eine Seite des Geheges gereinigt, während die andere Seite unverändert bleibt.

Reinigen Sie das Gehege nur mit heißem Wasser und unparfümierter Seife.

Stellen Sie direkt nach der Käfigreinigung keine Einrichtungsgegenstände um. Alles sollte so stehen wie vorher, dann beruhigt sich der Hamster schneller wieder. Nach der Reinigung bekommt er sein Nest zurück, nur feuchte oder beschmutzte Teile werden ausgetauscht. Der Futtervorrat wird kontrolliert und nach etwa vier Wochen sollte er entfernt werden. Legen Sie aber immer einen frischen Futtervorrat in das Nest zurück, denn ganz ohne Vorrat steht der Zwerg extrem unter Stress.

Nur wenn der Hamster sehr unsauber ist und die Bodenwanne verschmutzt ist, sollten Sie das gesamte Gehege häufiger gründlich reinigen. Behalten Sie aber auch hier nach Möglichkeit saubere Teile des Nestes, geben Sie dem Hamster auf jeden Fall einen Futtervorrat nach der Reinigung und sorgen sie danach für viel Ruhe.

PFLEGEFAHRPLAN

▶ Täglich werden Frischfutterreste entfernt sowie die Futter- und Wasserschalen gereinigt und frisch befüllt.

▶ Wöchentlich werden Pinkelecken gesäubert.

▶ Einmal im Monat wird je eine Hälfte des Geheges im Wechsel gereinigt, Gitterstäbe werden abgewischt, Einrichtungsgegenstände werden gebürstet oder abgespült.

Urlaub für Zwerghamster

Wenn Sie nur bis zu zwei Nächte außer Haus sind, können Sie den Hamster mit ausreichend Futter und Wasser alleine lassen. Fahren Sie aber länger in den Urlaub, ist es notwendig, sich um eine Betreuung zu kümmern. Idealerweise wird der Hamster in seinem eigenen Zuhause von einem zuverlässigen Nachbarn oder Freund versorgt. Ist das nicht möglich, sollte er wenigstens sein gewohntes Gehege mitbekommen. Längere Urlaubsfahrten oder Aufenthalte in fremden Urlaubsgehegen sollten vermieden werden!

▼ **Prall und dick** gefüllt sind die Backentaschen vom Naschen an der Hirse.

► **Krallenkontrolle** ist wichtig, allerdings bei so winzigen Füßchen mitunter schwierig.

Gesundheitsvorsorge

Wenn Zwerghamster erkranken, zeigen sie häufig fast normale Verhaltensweisen und versuchen so lange wie möglich, ihr normales Leben aufrecht zu erhalten. In freier Wildbahn ist das überlebenswichtig, denn sie müssen ja trotz Krankheit Futter suchen und ihr Revier verteidigen. Ist ein Zwerghamster aber schon sichtbar erkrankt, ist es für eine erfolgreiche Behandlung fast schon zu spät. Deshalb ist es lebenswichtig, nach dem Feststellen einer Erkrankung mit dem Hamster unverzüglich einen Tierarzt aufzusuchen. Durch den schnelleren Stoffwechsel verlaufen Krankheiten bei einem Hamster schneller und für uns harmlos erscheinende Erkrankungen können bei Zwerghamstern innerhalb weniger Stunden zum Tod führen.

WÖCHENTLICHER GRÜNDLICHER CHECK

Neben dem täglichen Gesundheitscheck sollten Sie den Hamster jede Woche einmal gründlich untersuchen.

► Führen Sie eine Gewichtskontrolle durch und schreiben Sie sich das Gewicht auf. Wenn der Zwerg zu zappelig für Ihre Küchenwaage ist, dann wiegen sie ihn in seiner Transportbox und ziehen sie danach das Gewicht der Box ab.

► Schauen Sie auf Maul, Nase, Ohren und After. Achten Sie darauf, dass diese sauber und frei von klebrigen Absonderungen oder anderen Verschmutzungen sind.

► Untersuchen Sie das Fell des Zwerges sehr gewissenhaft, achten Sie dabei auf Fellverlust und Verletzungen.

► Tasten Sie den Zwerg sehr vorsichtig ab, um Wucherungen, Aufgasungen und Verletzungen der Gliedmaßen zu erkennen.

Völlig normal

Einiges, was uns außergewöhnlich erscheint, ist allerdings für Hamster völlig normal. Vor allem beim Chinesischen, aber auch bei den Dsungarischen und Campbell Zwerghamstern schwellen während der Pubertät und im Sommer zur Paarungszeit die Hoden massiv an.

Zwerghamstermännchen können an den Bauchduftdrüsen stark sekretieren und dort auch stark riechen. In den Flanken besitzen Chinesische Zwerghamster schwarz pigmentierte Seitendrüsen, die mit Hautkrankheiten verwechselt werden können.

KRALLEN-MANIKÜRE

Pflegt der Hamster seine Krallen nicht selbstständig, hält ein Stein im Gehege die Krallen kurz. Ein Schieferstein vor dem Laufrad, ein Naturstein unter der Tränke oder ein Ziegel als Treppe zwingen den Hamster darüber zu laufen – dabei wetzen sich die Krallen am Stein ab.

TIPP ZUR ZAHNKONTROLLE

Die ständig nachwachsenden Vorderzähne müssen regelmäßig kontrolliert werden. Stehen Sie so zueinander, dass sie sich gut abnutzen können? Ist die Vorderseite gelb-orange und splittern die Zähne nicht? Damit der Zwerg seine Schneidezähne zeigt, halten Sie ihm ein Leckerchen über den Kopf, er wird sich mit offenem Mäulchen danach recken. Bieten Sie zur Zahnpflege harte, zuckerfreie Hundekekse an.

▲ *Schläft der Hamster viel mehr oder kommt er nicht mehr aus dem Nest, ist er sehr krank.*

Krankheitsauslösende Faktoren

Folgende Faktoren begünstigen die Entstehung von Krankheiten.

Stress: Wird der Hamster häufig geweckt, steht er an einem unruhigen Ort mit lautem Fernseher oder ständigem Türenknallen, lebt er in einer Gruppe, in der es Rangkämpfe gibt, oder wird der Käfig zu häufig gereinigt, dann steht Ihr Hamster unter Stress. Dieser Stress schwächt das Immunsystem.

Unsauberkeit: Wird der Käfig zu selten gereinigt, können sich Bakterien, Schimmel und Parasiten ausbreiten und Krankheiten verursachen.

Sauberkeit: In einem zu häufig desinfizierten Käfig können die Tiere keine Abwehrkräfte bilden, das Immunsystem erlahmt. Durch das häufige Entfernen der eigenen Gerüche stehen Zwerghamster in zu sauberen Gehegen ständig unter massivem Stress.

▲ **Struppiges Fell** *kann, außer bei entsprechenden Rassen, ein Krankheitszeichen sein!*

▲ **Ist der Hamster zu moppelig**, *kann sich das auf seine Gesundheit auswirken.*

Falsche Gehegeeinrichtung: Plastikhäuser und -röhren, Häuser mit Nägeln und Klebestellen und falsche Laufräder bieten viele Verletzungsgefahren.

Falsches Gehege: In zu kleinen Aquarien, falschen Terrarien und Plastikkäfigen herrscht ein warmes und feuchtes Klima, in dem sich Bakterien stark vermehren und der Luftaustausch schlecht ist. Durch die Enge in kleinen Gehegen stehen die Tiere unter Stress.

Trockene Heizungsluft und Durchzug: Beides kann die Atemwege reizen.

Schlechte Ernährung: Die Abwehrkräfte der Zwerge werden bei zu einseitiger Ernährung durch Vitamin- und Mineralienmangel geschwächt. Wird das Tier zu fett- oder zuckerhaltig ernährt, kann Übergewicht die Gelenke schädigen, es kann zu Diabetes kommen und zu Organschäden.

TÄGLICHER CHECK

Achten Sie täglich auf Krankheitszeichen bei Ihrem Zwerghamster:

▶ Wird er zur gewohnten Zeit wach? Ist er an seiner Umgebung interessiert?

▶ Läuft er so lange wie sonst auch im Laufrad und bewegt er sich normal?

▶ Sucht er sein Futter und frisst er die gewohnte Menge Frischfutter?

▶ Füllt und entleert er seine Backentaschen regelmäßig beidseitig?

▶ Kratzt er sich oder benimmt er sich sonst auffällig?

▶ **Vermehrtes Trinken**
kann auf Diabetes oder
Nierenerkrankungen
hinweisen.

Krankheitszeichen und ihre Bedeutung

Wenn Sie Ihren Zwerghamster täglich beobachten und ihn schon ein wenig kennen, werden Ihnen Veränderungen schnell auffallen. Egal welches Krankheitszeichen Sie feststellen, gleich nach der „ersten Hilfe" führt der nächste Weg unverzüglich zu einem Tierarzt.

Gewichtsverlust: Ein deutlicher Gewichtsverlust von über 5 g in einer Woche weist häufig auf eine beginnende Krankheit hin. Ein krankhafter Gewichtsverlust ist schon daran zu erkennen, dass das Schwänzchen des Zwerges durch den Fettverlust am Schwanzansatz und eingezogene Hoden beim Männchen länger aussieht. Eingefallene Flanken sind ebenfalls ein Zeichen für eine Gewichtsabnahme oder dauerhaftes Untergewicht.

Übergewicht: Übergewicht kann verschiedene Krankheiten auslösen. Übergewichtige Tiere sind rund, haben Fettwülste über den Beinchen und lassen keine Taille mehr erkennen, wenn sie sich strecken. Eine ausgewogene Futtermischung, ein hamstergerechtes Laufrad und viel Abwechslung in einem großen Gehege beugen Übergewicht vor.

Fellveränderungen: Kahle Stellen, kleine Verletzungen, Hautveränderungen und häufiges Kratzen weisen auf einen Parasiten- oder Pilzbefall hin. Es könnte aber auch sein, dass der Hamster sich an zu kleinen Öffnungen von Spielzeugen das Fell abscheuert. Ist das Fell gesträubt und ungeputzt, weist das auch auf Krankheit, Stress oder hohes Alter hin. Struppiges Fell kann auch durch die Verwendung eines falschen Badesandes entstehen.

Verklebte Augen: Sind beide Augen geschwollen, verklebt oder tränen sie stark, weist das auf eine Infektion hin. Reinigen Sie verklebte Augen vorsichtig mit abgekochtem, handwarmen Wasser und einem Kosmetiktuch. Verwenden Sie keine

Watte oder Teeaufgüsse. Fussel und Schwebstoffe reizen die Augen. Kamille trocknet die Augen aus.

Augenveränderungen: Eine einseitige Augenveränderung ist häufig auf Fremdkörper im Auge zurückzuführen. Es könnte auch ein Hinweis auf eine Backentaschenverletzung sein. Beidseitige Augentrübungen weisen auf Diabetes hin.

Verklebte Nase: Schorf, verklebte Stellen an der Nase, häufiges Niesen oder eine starke Flankenatmung weisen auf eine Erkältungskrankheit hin.

NORMALER SCHEIDENAUSFLUSS

Während der Empfängnisbereitschaft des Weibchens fließt ein durchsichtiger Schleim aus der Scheide. Dieser kann am folgenden Tag dicklich, zäh und gelblich sein und wird bei flüchtiger Betrachtung mit Eiter verwechselt, er ist aber unbedenklich.

Durchfall: Ist der Kot weich, breiartig oder gar flüssig, hat der Zwerg massive Darmprobleme. Ist der After sogar verklebt und kommt es zu einer stärkeren Geruchsentwicklung, ist unverzüglich ein Tierarzt aufzusuchen!

Scheidenausfluss: Ein feuchter, verklebter oder unangenehm riechender Genitalbereich beim Weibchen weist auf eine Gebärmutterinfektion hin. Ein weiteres Krankheitszeichen sind hier Futterverweigerung und Schmerzempfindlichkeit am Bauch.

Inaktivität: Wenn der Hamster nicht mehr seinen üblichen Aktivitäten nachgeht, er eventuell stark zittert oder beim Laufen schwankt, sind das ernsthafte Krankheitszeichen. Es könnte sich dann um eine Infektion, einen Hitzschlag oder sogar um einen Schlaganfall handeln.

Gesteigerter Durst: Vermehrte Flüssigkeitsaufnahme und häufigeres Urinieren können durch Diabetes verursacht werden.

Wucherungen: Unter dem Fell sind harte Stellen, Beulen, Wucherungen oder Knoten zu ertasten. Viele Wucherungen können im Frühstadium vom Tierarzt entfernt werden oder sind harmlos. Andere können unbehandelt lebensbedrohlich werden.

BACKENTASCHEN

▶ Hat ein Hamster Probleme mit seinen Backentaschen, füllt und entleert er diese nicht mehr richtig oder riecht streng aus dem Mäulchen.

▶ Zuckerhaltige Futtermittel verkleben in den Backentaschen und machen ein Entleeren unmöglich.

▶ Infektionen und Zahnentzündungen können zu Abszessen an den Backentaschen führen.

Der Tierarztbesuch

Damit der Tierarztbesuch für den Zwerghamster und den Halter mit möglichst wenig Stress verbunden ist, sollte er gut geplant werden.

Vorher

Erkundigen Sie sich direkt nach dem Einzug Ihres Zwerghamsters nach Tierarztpraxen mit Hamstererfahrung. Idealerweise findet der Tierarztbesuch während der Aktivitätszeiten des Hamsters in den frühen Morgen- oder späten Abendstunden statt. Eine mit Taschentüchern ausgelegte Transportbox leistet auch hier wieder gute Dienste. Wenn genug Platz ist, darf gern auch ein Wohnhaus mit in die Box und natürlich etwas Trockenfutter und ein Stück Saftfutter. Achten Sie darauf, dass der Hamster im Winter in der Box nicht auskühlt und im Sommer nicht überhitzt.

Beim Tierarzt

Verständlicherweise steht man als Tierfreund sehr unter Stress, wenn der kleine Freund krank ist.

Um keine Informationen zu vergessen ist es sinnvoll, vor dem Tierarztbesuch alles, was Sie dem Tierarzt mitteilen wollen, auf einem Zettel zu notieren.

Schreiben Sie Alter, Gewicht, Vorerkrankungen und bisherige Medikationen auf. Notieren Sie auch genau, welche Beobachtungen am Hamster zu dem Tierarztbesuch führten. Sagen Sie ihm ehrlich, welche Behandlungsversuche Sie selbst schon unternommen haben.

▼ **Ist der Hamster** inaktiv, sehr müde und lustlos, sollte ein Tierarzt aufgesucht werden.

OPERATION

Muss der Zwerghamster operiert werden, treffen Sie folgende Maßnahmen:

▶ Richten Sie schon vor der OP den Krankenkäfig an einem ruhigen Ort mit Zellstofftüchern und einem Häuschen ein.

▶ Bieten Sie durchgehend Futter zur Verfügung und stellen Sie Päppelbrei und Wasser direkt neben das Haus.

▶ Bis zum Aufwachen lagern Sie den frisch operierten Hamster auf einem handwarmen Wärmekissen.

Nach der Untersuchung

Abschließend wird der Tierarzt eine Diagnose stellen und Ihnen Medikamente und weitere Anweisungen geben. Nicht immer drücken sich Tierärzte für den Laien verständlich aus. Ein guter Tierarzt wird Ihnen auf Nachfrage die Diagnose gern näher erklären. Wenn er dem Tier Medikamente verabreicht, lassen Sie sich die Namen der Medikamente und die Dosierungen aufschreiben. Dies könnte lebenswichtig sein, falls es zu einer Notsituation kommt und Sie einen Nottierarzt aufsuchen müssen. Diesem müssen Sie unbedingt mitteilen können, was bisher unternommen wurde.

Fragen Sie genau nach, wie die Medikamente wirken sollen, wie der weitere Verlauf der Krankheit aussehen könnte, welche Pflegemaßnahmen Sie selbst ergreifen müssen und wie diese durchzuführen sind.

▼ **Neugierig** *inspiziert ein gesunder Hamster seine Umgebung.*

▼ **Päppelbrei** schlabbern manche
Zwerge gern selbst vom Löffel.

was Ihr Zwerg gerne mag und mischen Sie dann
die zerriebenen Tabletten oder die Tropfen darunter.

Gut geeignet sind dafür Leckerchen, die der
Hamster sonst nicht bekommt, beispielsweise
ein Klecks Früchtemus, Marmelade, Saft, Gemü-
sebrei, Babybrei, Joghurt oder Quark.

*Nimmt der Zwerg seine Medizin auch mit
diesem Trick nicht freiwillig, dann lösen Sie
es in etwas Tee auf und geben es langsam und
tropfenweise direkt ins Mäulchen.*

Fixieren dazu Sie den Zwerg in der Hand, indem
Sie Zeige- und Mittelfinger um seinen Hals und
seine Vorderbeinchen legen, Daumen, Ringfin-
ger und kleiner Finger fixieren die Flanken und
Hinterbeinchen. Auf diese Weise können Sie
auch Päppelbrei verabreichen.

ZAHNPROBLEME

▶ Nagt der Zwerg aufgrund einer Krankheit zu
wenig, nutzen sich die Schneidezähne nicht
ab und werden zu lang.

▶ Ist ein Schneidezahn abgebrochen, könnten
die Zähne schief nachwachsen.

▶ In diesen Fällen sollten die Zähne vom Tierarzt durch Abschleifen korrigiert werden.

Geben Sie keine Medikamente über das Trink-
wasser. Eine genaue Dosierung ist so nicht möglich und es wird entweder zu viel oder zu wenig
Wirkstoff aufgenommen.

Wenn Sie Salben / Tinkturen auftragen müssen, versuchen Sie, den Zwerg hinterher noch
lange auf dem Schoss zu behalten, um ein sofor-
tiges Ablecken zu verhindern.

Zwerge gesund pflegen

D ie Medikamente für unseren kleinen Patienten bekommen Sie vom Tierarzt, die Pflege des kranken Hamsters liegt in Ihren Händen.

Krankengerechtes Futter

Bei vielen Erkrankungen bedarf es einer speziellen Diät. Liegt eine Darmerkrankung mit Durchfall vor, sollte vorübergehend kein Blattgemüse oder Grünfutter von der Wiese angeboten werden. Kleine Stückchen Möhre, Fenchelknolle oder auch etwas Reibeapfel können Appetit anregend wirken.

Wurde Diabetes diagnostiziert, geben Sie kein Obst mehr, auf zuckerhaltige Leckerchen sollte ohnehin verzichtet werden.

Bieten Sie dann aber mehr wasserhaltiges Frischfutter an, damit der Zwerghamster mehr Flüssigkeit zu sich nimmt.

Päppeln

Kranke Zwerge können nicht immer selbstständig Nahrung aufnehmen. Bieten Sie dem Zwerg Päppelbrei an. Nimmt er diesen nicht freiwillig, versuchen Sie ihm das Futter tropfenweise mit einer nadellosen Spritze einzuflößen. Geben Sie dem Tier auf keinen Fall zu viel Brei auf einmal, das könnte zu einer schweren Magenüberladung führen. 0,3 ml pro Mahlzeit sollten nicht überschritten werden.

▶ **Moppelchen** *nimmt seinem Halter die Diät sehr übel, aber da muss er durch.*

Flüssigkeit

Kranke Hamster nehmen häufig zu wenig
Flüssigkeit zu sich. Achten Sie darauf, dass der
Hamster genug trinkt und bieten Sie ihm immer
wieder mit einer Pipette oder einer nadellosen
Spritze Wasser oder Kräutertee an. Geben Sie
ihm im Notfall die Flüssigkeit tropfenweise
direkt ins Maul. Fragen Sie Ihren Tierarzt nach
einer Infusion.

Vorsichtsmaßnahmen

Einige Erkrankungen, wie Pilzbefall, manche
Parasiten, Bakterien und Viruserkrankungen
wie LCM (Lymphozytäre Choriomeningitis),
sind auch für Menschen ansteckend, deshalb
sollten Sie sich nach jedem Kontakt mit dem
kranken Hamster die Hände gründlich waschen.

*Kinder dürfen keinen Kontakt mit einem
erkrankten Hamster haben.*

Reinigen Sie das Gehege des Hamsters in so einem Fall gründlich und entsorgen Sie alle Einrichtungsgegenstände, die nicht mit kochendem
Wasser gewaschen oder sicher desinfiziert werden können.

Zwerghamster im Senior-Alter

Wenn der Zwerghamster älter wird, verändert
er sich langsam. Das Fell wird etwas struppiger,
manche Zwerghamster haben einen leichten
Fellverlust an den Flanken und am Kopf. Der
Hamster wird langsamer, inaktiver und läuft
nicht mehr so viel im Rad. Er geht hochbeiniger
und der Rücken wirkt etwas krumm. Häufig
kommt es auch zu einem langsamen Gewichtsverlust und eingefallenen Flanken. Richten Sie

PÄPPELBREI

Die Grundlage für einen Päppelbrei können fertige Päppelbreie aus
dem Zoofachhandel oder auch Schmelzflocken, Vollkornmehl, Getreideflocken oder gemahlenes Trockenfutter sein. Mischen Sie je nach
Geschmack verschiedene Babybreie mit Vollkorn, Früchten, Joghurt,
Gemüse oder gemahlenen Nüssen darunter. Damit der Brei zum Päp-
peln dünnflüssiger wird, können Sie ihn mit Kamillen-, Fenchel- oder
Hagebuttentee anrühren.

das Gehege altersgerecht ein, verzichten Sie auf hohe Etagen, steile Rampen und neue Einrichtungsgegenstände. Stellen Sie Futter und Wasser direkt neben sein Häuschen.

Ob der Zwerghamster allerdings diese gesundheitlichen Probleme aufgrund seines Alters oder durch eine behandelbare Erkrankung hat, kann ein Tierhalter nicht erkennen. Deshalb muss auch ein alter Hamster bei solchen Krankheitszeichen einem Tierarzt vorgestellt werden.

Wenn der Hamster eines Tages keine Nahrung und keine Flüssigkeit mehr zu sich nimmt und sein Nest nicht mehr verlässt, müssen Sie handeln.

Das Einschläfern ist der letzte Freundschaftsdienst, den Sie Ihrem Zwerghamster dann erweisen können.

▶ **Päppelbrei aus der Spritze wird nicht immer freiwillig genommen.**

Kinderstube

Der Wunsch nach süßen Zwerghamsterbabys ist durchaus verständlich. Es macht Spaß, die Kleinen heranwachsen und umhertollen zu sehen. Allerdings ist das nur ein sehr kurzes Vergnügen, nach wenigen Wochen sind die Jungen ausgewachsen.

1 + 1 = 90

Hält man dauerhaft ein Paar Zwerghamster zusammen, werden sie wahrscheinlich das ganze Jahr über Jungen groß ziehen. Die Tragzeit dauert maximal 22 Tage und kurz nach der Geburt wird das Weibchen wieder gedeckt. Bei einer Wurfgröße von 2 – 7 Jungen kann ein einziges Zwerghamsterpaar also im Jahr gut 90 Junge bekommen. Für einen Laien ist es unmöglich, so viele Zwerghamster in gute Hände zu vermitteln und die meisten Zoogeschäfte nehmen keine Jungtiere von Privat an.

Trennt man allerdings die Paare, um sie an weiterer Fortpflanzung zu hindern, stehen die Tiere massiv unter Stress und leiden unter der Trennung.

Nur einmal Nachwuchs?

Zwerghamster sind nicht leicht zu vergesellschaften und selbst wenn das Weibchen gerade paarungsbereit ist, nimmt sie nicht jeden Bock an. Bei dem Versuch, fremde Tiere zur Paarung zusammenzubringen, können diese sich massiv bekämpfen und verletzen. Manche Rassen und Arten dürfen nicht verpaart werden. Werden aus Versehen Campbells und Dsungaren verpaart, ist der Nachwuchs häufig krank oder behindert.

Zucht

Wer Zwerghamster züchten möchte, sollte schon lange Zeit Zwerghamster als Heimtiere halten, um ihr Verhalten kennenzulernen. Nur so kann man die Gesundheit seiner Zuchttiere gut beurteilen. Es ist nötig, sich vorab intensiv mit der speziellen Zwerghamstergenetik, Rassen, Arten und Farben zu befassen. Alle Zwerghamsterarten stellen verschiedene Ansprüche an ihre Partner und Aufzuchtgehege. Es ist also viel Fachwissen nötig, um Züchter zu werden.

Jungenaufzucht

Falls Sie ein Pärchen oder eine trächtige Hamsterdame erworben haben, müssen Sie sich gut vorbereiten. Als Aufzuchtgehege eignen sich nur Becken, da die Jungen durch die Gitterstäbe normaler Käfige leicht ausbüchsen können. Das Haus für die Jungenaufzucht muss über einen abnehmbaren Deckel verfügen, damit das Nest leicht kontrolliert werden kann. Bieten Sie dem trächtigen und säugenden Weibchen täglich zusätzliches Eiweißfutter an, um Mangelerscheinungen vorzubeugen.

Trächtige Weibchen zeigen nur durch eine kleine Umfangsvermehrung ihren Zustand an.

Die Geburt findet häufig in den Morgenstunden statt. Im Sitzen wird jedes Baby in Empfang genommen, abgenabelt und sauber geleckt. Wird das Weibchen bei der Geburt gestört oder sind die Jungen nicht lebensfähig, frisst die Mutter häufig die Jungen auf. Das mag uns grausam erscheinen, für sie ist das aber normal, denn damit hält sie das Nest sauber und speichert Energien für eine spätere Jungenaufzucht.

GESCHLECHT

Bei Jungtieren wird das Geschlecht beim direkten Vergleich der Jungtiere deutlich. Böckchen zeigen einen deutlichen Hodenansatz, Afteröffnung und Geschlechtsöffnung liegen etwas weiter auseinander als bei Weibchen, diese haben zwei Reihen Zitzen. Bei ausgewachsenen Zwerghamstern sind beim Bock die Hoden deutlich zu erkennen. Robos zeigen allerdings ihre Hoden kaum.

▶ *Zwerghamsterpaar*
bei der gemeinsamen
Futtersuche.

▲ **Campbellbabys** *erst wenige Tage alt und schon ist der Aalstrich zu erkennen.*

▲ **Erst zwei Wochen** *alt und schon emsig am Futter sammeln.*

▲ **Mit nur vier Wochen** *sind aus Winzlingen große Zwerge geworden.*

Kleine Zwerghamster erobern die Welt

In den ersten Tagen nach der Geburt sind die Jungen nicht zu sehen. Nackt und mit geschlossenen Augen liegen sie im Nest und werden von der Mutter gesäugt und gewärmt.

Nur durch ein leises Fiepen aus dem Nest erfährt der Halter, dass seine Hamsterin Mutter geworden ist.

Die Kleinen wiegen bei der Geburt häufig nur ein bis zwei Gramm, in den nächsten Tagen werden sie aber schnell zunehmen. Das Gehege darf erst wieder gereinigt werden, wenn die Jungen schon munter umherlaufen, sonst ist die Mutter stark gestresst. Fassen Sie auch die Jungen auf keinen Fall an, dass könnte die Mutter so sehr stören, dass sie die Jungen dann nicht mehr annimmt.

In der ersten Woche machen die Jungen eine rasante Veränderung durch. Ab dem zweiten Tag wird die Pigmentierung der Haut sichtbar. Nach vier Tagen löst sich die Ohrmuschel und die Jungen können hören. Sie rufen ihre Mutter im Ultraschallbereich, wenn diese das Nest verlässt. Das Fell fängt nach fünf Tagen an sichtbar zu wachsen und der Aalstrich wird erkennbar.

Mit acht Tagen sind Ohren und Zehen der kleinen Zwerge fertig. Die Mutter bringt feste Nahrung ins Nest. Mit zehn Tagen wuseln die Racker schon emsig durch ihr Nest und die Mutter muss sie häufig einsammeln und zurückbringen. Sie trägt dabei die Jungen im Maul – diese verhalten sich still, sobald die Mutter sie am Nacken packt. Ihr Fell ist am Rücken fast völlig ausgebildet. Mit zwei Wochen sind die Augen offen, die Jungen putzen sich selbstständig und füllen und entleeren ihre Backentaschen. Ihr Fell wird dichter und sie tollen im ganzen Gehege herum.

Bis zum Ende der dritten Woche werden die Jungen von der Mutter gesäugt. Dann werden die Kinder selbstständig und suchen sich ihr Futter im Gehege. In freier Wildbahn verlässt die Mutter ihre Jungen, wenn diese etwa vier Wochen alt sind. Die Jungen bleiben allein im Bau zurück. Schon mit etwa 40 Tagen können sie dann selbst neue Familien gründen.

Service

Adressen, Links und Publikationen rund um die possierlichen Zwerghamster.

Hilfreiche Adressen

- ▶ **Nager Info**
  Mail: info@nager-info.de
  www.nager-info.de
- ▶ **Bundesarbeitsgruppe Kleinsäuger e. V. im Schulzoo-Leipzig e. V.**
  Binzer Straße 14
  04207 Leipzig
  Tel / Fax. 0341 9 40 37 77
  Mail: bag@schulzoo.de
  www.bag-kleinsaeuger.de
- ▶ **Tierärztliche Vereinigung für Tierschutz e. V. (TVT)**
  Bramscher Alle 5
  49565 Bramsche
  www.tierschutz-tvt.de

Internet

Info

- ▶ **www.hamsterhaltung.de**
  Ausführliche Informationen zu allen Hamsterarten, die als Heimtiere gehalten werden
- ▶ **www.rodenti-forschung.de**
  Eine Seite über die Erforschung von Zwerghamstern in freier Wildbahn
- ▶ **www.hamster-ratgeber.de**
  Viele Hintergrundinformationen zu Empfehlungen in der Hamsterhaltung
- ▶ **www.rodent-info.de**
  Die Infoseite rund um Kleinsäuger
- ▶ **www.hamsterinfo.de**
  Informationen zur Haltung, Ernährung, Zucht und Eigenschaften von Zwerghamstern
- ▶ **www.giftpflanzen.ch**
  Giftpflanzeninfo der Universität Zürich

Tierschutz und Notfalltiere:

▶ **www.hamsterhilfe-nrw.de**
Hamsterhilfe NRW
▶ **www.hamsterhilfe-nord.de**
Hamsterhilfe Nord
▶ **www.tierschutz-tvt.de**
Tierärztliche Vereinigung für
Tierschutz
▶ **www.tierschutzvereine.de**
Verzeichnis von Tierschutzvereinen
und -heimen

Die Autorin

Christine Wilde ist Expertin auf dem Gebiet der Nagerhaltung und hat im Jahr 2000 die Homepage der *Nager-Info* ins Leben gerufen mit dem Ziel, die Haltung und das Verständnis für Kleinsäuger zu verbessern. Sie beherbergt seit zehn Jahren Hamster, hat schon alle Zwerghamster als eigene Heimtiere gehalten und kann daher aus eigener Erfahrung aus dem Leben der Nager berichten. Derzeit teilt sie ihre Wohnung u.a. mit zwei Zwerghamstern.

Bücher und Zeitschriften

▶ Busch, M.: *Pflanzen für Heimtiere;* Ulmer Verlag, 2009
▶ Ewringmann, Anja u. Glöckner, Barbara: *Leitsymptome bei Hamster, Ratte, Maus und Rennmaus – Diagnostischer Leitfaden und Therapie*, Enke Verlag, 2007
▶ Flint, Wladimier E.: *Die Zwerghamster der Paläarktischen Fauna*, Neue Brehm Bücherei A. Ziemsen Verlag, 2006
▶ Honigs, Sandra: *Zwerghamster Biologie, Haltung, Zucht*, NTV- Verlag, 2003
▶ Kremer, P.: *Steinbachs großer Pflanzenführer;* Ulmer Verlag, 2005
▶ Schmidt-Röger, Heike: *Hamster*, Ulmer Verlag, 2004
▶ Kleinsäugerfachmagazin *Rodentia*

Dank

Mein Dank gilt Georg Leithold, der seine Forschungsergebnisse mit mir teilte. Seinem Internetshop *Rodipet* für tiergerechte Einrichtung. Dr. rer. nat. Stefan Schumacher für fachliche Beratung. Frau Dipl. Agr. Biol. Antje Springorum für die freundliche Zusammenarbeit. Heike Schmidt-Röger für das umsichtige Lektorat. Der Fotografin Ulrike Schanz für die Zwerghamsterfotos. Meinem Ehemann, weil er mich bei meiner Arbeit unterstützt. *jago24.de* für das Holzgehege.

Register

Bildquellen: Alle Fotos außer den folgenden
stammen von Ulrike Schanz, München.
Titelfoto: Ulrike Schanz
Eva-Maria Götz: S. 53 r.
Regina Kuhn: S. 24
Georg Leithold: S. 13 l., 23, 25 r.
Gosia Merinja: S. 12 r., 25 l.
Trixie: S. 33, 35 l., 55 l. u., 77

Hinweis

Die in diesem Buch enthaltenen Empfehlungen und Angaben sind von der Autorin mit
größter Sorgfalt zusammengestellt und geprüft worden. Eine Garantie für die Richtigkeit
der Angaben kann aber nicht gegeben werden. Autorin und Verlag übernehmen keinerlei
Haftung für Schäden und Unfälle. Der Leser sollte bei der Anwendung der in diesem Buch
enthaltenen Empfehlungen sein persönliches Urteilsvermögen einsetzen.

Bibliografische Information der Deutschen Nationalbibliothek

Die Deutsche Nationalbibliothek verzeichnet diese Publikation in der Deutschen National-
bibliografie; detaillierte bibliografische Daten sind im Internet über http://dnb.d-nb.de
abrufbar.

© 2011 Eugen Ulmer KG
Wollgrasweg 41, 70599 Stuttgart (Hohenheim)
E-Mail: info@ulmer.de
Internet: www.ulmer.de
Umschlagentwurf, Innenlayout und dtp: Sojus Design / Kai Twelbeck, Stuttgart
Repro: Medienfabrik, Stuttgart
Herstellung: Jonas Thaler
Druck und Bindung: Westermann Druck, Zwickau
Printed in Germany

ISBN 978-3-8001-5799-0
HO 450